阳台养花不败指南

武汉植物园 | 刘宏涛　邢 梅　主编

编 委
（按姓氏拼音排序）

蔡　东　楚海家　龚雪琴　韩艳妮　李俊灏
刘宏涛　邢　梅　张　凡　张　京　郑鹏宇

摄 影
（按姓氏拼音排序）

蔡　东　楚海家　傅　强　龚雪琴　李奥奥
寥　廓　陆婷婷　吕文君　宋利平　肖显文
邢　梅　张　洁　郑鹏宇

插 画

邢　梅

长江出版传媒　湖北科学技术出版社

图书在版编目（CIP）数据

阳台养花不败指南 / 刘宏涛，邢梅主编．—武汉：湖北科学技术出版社，2022.04

ISBN 978-7-5706-1869-9

Ⅰ．①阳… Ⅱ．①刘… ②邢… Ⅲ．①阳台—观赏园艺—指南 Ⅳ．① S68-62

中国版本图书馆 CIP 数据核字 (2022) 第 024020 号

阳台养花不败指南
YANGTAI YANGHUA BUBAI ZHINAN

责任编辑：林　潇
封面设计：胡　博
督　　印：刘春尧

出版发行：湖北科学技术出版社
地　　址：武汉市雄楚大街 268 号湖北出版文化城 B 座 13—14 层
电　　话：027-87679468　　邮　　编：430070
网　　址：http://www.hbstp.com.cn
印　　刷：湖北新华印务有限公司　　邮　　编：430035
开　　本：787mm×1092mm　1/16
印　　张：12.5
版　　次：2022 年 4 月第 1 版
印　　次：2022 年 4 月第 1 次印刷
字　　数：250 千字
定　　价：48.00 元

目 录

1 第一篇 阳台养花基础知识

23 第二篇 阳台植物图鉴

春

阳台养花
基础知识

阳台植物与光照

光是植物进行光合作用的基本条件，是植物制造有机物质的能量源泉。阳台植物的光照来源主要是自然光，光照条件的好坏主要取决于阳台的朝向、结构设计、光照强度、光照时长、光质，以及植物的种植方位等方面。

植物种植设计时应充分考虑各种植物对光照的需求不同进行合理配置，喜光植物尽可能种植于南向阳台，耐阴植物栽植于阳台的弱光区或其他朝向的阳台。

1 光照强度

光照强度主要影响植物的光合作用，对开花植物的花期和品质都有显著的影响。一般而言，植物对光照强度的需求与其生理习性有关。大多数喜阳植物，在光照充足的条件下，生长健壮，花多、花大且开花早；而有些喜阴花卉，如玉簪、铃兰、万年青等在光照充足的条件下生长极为不良，在半阴条件下才能健康生长。大部分菊科植物在开花后如进行弱光照处理可以延长花期。

日照强的阳台通常坐北朝南，适合一些观花美和观果类植物的生长。

日照不强、半日照的阳台通常向北或有遮挡物，适合一些喜阴植物的生长。

此外，光照强度对花色也有影响，特别是紫红色的花，光照越强颜色越深。因为紫红色的花是由于花青素的存在而形成的，花青素必须在强光下才能产生，在散光下不易产生，所以紫红色的花也只有在强光下才能形成。强光照与弱光照都是有限值的，过高或过低都不利于花卉的生长。

2 光照时长

光照时长是影响植物花芽分化的重要因素之一。根据植物对光周期的反应，分为三种主要类型，即长日照植物、短日照植物和日中性植物。

- 长日照植物：每天日照时间需 12 小时以上才能形成花芽的植物。
- 短日照植物：每天日照时间少于 12 小时才能形成花芽的植物。
- 日中性植物：花芽的形成对于日照时间长短要求不严格的植物。

小贴士

如果在非开花季节，按照植物开花所需要的日照时长人为给予处理，就能使之在原来不开花的季节开花。此外，光暗颠倒，也会改变开花时间。

在阳台种植植物时，一年四季应根据植物对于光照的要求适时调整摆放植物的方位，这样才可使其枝繁叶茂。进入夏季后，在光照条件较好的阳台内，需要对于一些忌强烈光照的植物予以遮阴，如杜鹃、君子兰、兰花等。同时还应根据植物本身的习性，注意光周期的调整，主要采用加光和遮光两种方法调节植物所受光照时间长短。

3 光质

光照对植物发育过程的影响主要受光质特性的制约。若有条件，可对阳台植物适当覆盖有色网或有色膜改变光质。

补光可以控制植物花芽分化的速度，调节开花期。补光光源应模拟自然光照，其光照强度应具有一定的可调性。常见的光源一般采用白炽灯、荧光灯、钠灯、卤化金属灯、紫外光灯等。

红网		促进营养生长，提前开花期。
蓝网		矮化植物。
灰网		吸收红外和近红外辐射，抑制顶端优势，加强分枝。
黄网	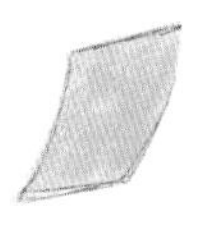	促进营养生长，增加果实量。
紫网		促进绿色观叶类植物叶片生长。

温度对阳台植物的影响

温度是绿色植物生长发育、新陈代谢等生命活动的重要环境条件，主要表现在植物的光合作用、呼吸作用、光合作用产物的运转。土壤温度也对植物生长发育有重大的影响。极端的高温与低温会影响植物正常生长，严重的甚至使植株死亡。阳台的各种观赏植物展示于一个特定空间，温度是较为关键的生长要素，不同植物对温度的需求不一样（见表1）。目前阳台温度管理主要有保温、降温等方面。

按照植物对于温度的不同要求，可分为耐寒类、半耐寒类和不耐寒类。

耐寒植物：原产于寒带或温带，抗寒力强，在我国北方能露地越冬。常见的耐寒花卉有玉簪、萱草、蜀葵、玫瑰、百合、木槿、紫藤、金银花、龙柏等；还有二年生草花，如紫罗兰、金盏菊、勋章菊、羽衣甘蓝等；球根植物，如朱顶红、风信子、水仙、郁金香等；常绿木本植物，如小叶女贞、小叶黄杨、金叶女贞等；宿根植物，如菊花等。

半耐寒植物：原产温带或暖温带，能忍耐 −5℃左右的低温，在长江地区能露地越冬。在华北、西北和东北地区有的需要埋土防寒越冬，如芍药、梅花、石榴、夹竹桃、玉兰、三色堇、金鱼草、石竹、翠菊、部分观赏竹等。

不耐寒植物：原产于热带和亚热带地区，性喜高温，在南方地区可露地越冬，在其他地区需要加温越冬，如文竹、一品红、扶桑、马蹄莲、大部分多肉植物等。

表1　阳台不同植物温度管理需求　单位：℃

植物种类	春	夏	秋	冬
棕榈、热带花果等热带植物	15～30	20～33	18～28	10～25
多浆多肉植物	18～28	28～38	20～30	12～18
兰花类植物	15～25	23～33	17～27	10～20
观叶植物	15～25	23～33	17～27	10～20
奇异类植物	15～25	23～33	17～27	10～20
杜鹃、报春花等高山植物	15～25	22～30	17～27	5～20

1 加温与保温

加温与保温是植物冬季管理最重要的环节。管理的原则是在保证植物正常越冬的前提下，以最经济的方式保持温室内冬季的温度。

秋冬季室外最低温度低于15℃时就可以启动加热系统加温，仅在晴天中午前后打开透气半小时左右即可；夜间温度保证不低于10℃。

2 降温

我国大部分地区夏季气候炎热，室外温度大多在30℃以上，由于温室效应，阳台的内部温度也会比较高，因此，必须采取降温手段，以保证阳台植物能够正常越夏。夏季温度超过30℃或湿度低于60%时应注意环境喷水雾。

· 外界温度在35℃以下时，可采用打开窗门等方式进行自然通风降温。

· 室外气温在35℃以上时，自然降温效果有限，可开启室外降温系统，如玻璃幕墙淋水，或购置一定的小型风机定时通风降温。

· 夏季可全天开窗通风降温。中午12点至下午2点，在降温的同时，可增加阳台内的湿度，有利于阳台内喜潮湿的热带植物的生长发育。

沙生多肉类植物的温度控制

沙生多肉植物是阳台植物的选择之一，但其温度控制也稍显特殊。几乎所有的沙生多肉植物在生长旺盛期都喜欢较大的昼夜温差。在适当的适应范围内，白天可使阳台维持较高的温度，夜间尽可能地降低温度。不同种类的植物，其温度控制范围也有所不同。

1.夏型种。所需生长温度相对较高，生长期为春季至秋季，冬季低于10℃时呈休眠状态或生长停滞。夏季只要不持续超过35℃，生长良好。如仙人掌、龙舌兰等。

2.冬型种。秋季至翌年春季生长，非常不耐寒；夏季在凉爽通风环境下休眠。如生石花、肉锥花等。

3.附生类。不耐干旱，冬季无明显休眠，要求四季均较温暖、空气湿度较高的环境，因而可经常浇水或喷水。如昙花等。

水分

植物维持正常生长需要消耗较多水分。它们通过水分供应进行光合作用以维持植物组织的体积和细胞形态，以及细胞内物质的合成，因此水分的充足与否直接影响到植物的形态和结构，进而影响到植物的生长和发育。

水分对于植物的蒸腾也至关重要，在植物全生育期内蒸腾散失的水量占总耗水量的50％～60％。空气湿度越小，叶片内的水分向外扩散的速度越快，蒸腾强度越大；空气湿度越大，蒸腾强度越小。阳台植物水分科学管理包括土壤水分和空气湿度的控制两方面。

植物品种不同，需水量各异，即使是同一种植物，其不同的生长时期需水量也不尽相同。一般而言，植物根据其需水量大致分为四类。

湿生植物：原产热带沼泽地、阴湿森林中的植物，如热带兰类、蕨类、凤梨科植物，以及马蹄莲、龟背竹、海芋等，其耐旱性弱，需要生活在潮湿的地方才能生长正常。在养护中应掌握“宁湿勿干，见干见湿”的浇水原则。

旱生植物：多数原产炎热干旱地区的仙人掌科、景天科植物，如仙人掌、仙人球、景天、石莲花等。因原生地经常缺水，这些植物在外部形态和内部构造上都产生了许多适应性的变化和特征，能忍受较长时间空气或土壤的干燥。因此，在养护这类植物时，忌浇水过多，否则容易引起烂根、烂茎，甚至死亡。浇水时应掌握“间干间湿”的浇水原则。

中生植物：这类植物对水分的要求介于以上两者之间，需要在湿润的土壤中生长，绝大多数植物属于这一类型，如君子兰、月季、米兰、山茶、棕竹、秋海棠、茉莉等。对这类植物浇水要掌握“见干见湿”的原则，浇水则浇透。

水生花卉：需要生活在水中的花卉，如荷花、睡莲、凤眼莲等，它们的根或茎一般都具有较发达的通气组织与外界互相通气，吸收氧气以供给根系需要。若一般阳台空间有限，可种养小型水生植物，如碗莲、迷你睡莲等。

1 空气湿度

阳台环境的空气湿度变化受天气、温度和通风换气量的影响。不同的植物对于空气湿度的需求不同（见表2），在阳台环境中有些植物需要加湿才能满足植物的

正常生长要求，如大多数蕨类植物、观叶植物等。夏季每天可根据空气湿度和天气的阴晴状况，采取加湿措施，以增加空气湿度和植株表面的湿度。最常见的加湿方法是细雾加湿，家庭种花可用细孔喷水壶，令其雾化成直径极小的水雾粒飘在空气中并迅速蒸发，从而提高空气湿度。

表2　阳台不同类型植物适宜湿度范围　　单位：%

植物种类	春	夏	秋	冬
棕榈、热带花果等热带植物	70～85	80～90	75～90	60～70
沙生及多浆多肉植物	55～60	65～75	60～65	45～50
兰花类植物	80～88	80～86	82～88	78～82
观叶植物	78～85	78～88	80～88	78～85
奇异类植物	78～85	78～88	80～88	78～85
杜鹃、报春花等高山植物	70～85	70～85	70～85	70～85

有些阳台空间有限，植物种植密度过大时，可能会有过高的湿度，而不适宜的湿度是诱发植物病害的主要因素，高湿加上适宜的发病温度会进一步催化病害发生。

阳台空间降低空气湿度的方法

1.通风换气。自然通风是调节阳台湿度环境最简单有效的方法。通常晴天要多通风，外界气温高时要加大通风量，严寒季节要少通风（中午为宜），浇水后要勤通风。

2.降低植物无效蒸腾。植物蒸腾为室内水汽的主要来源，必须通过及时修整枝蔓、摘心打顶、除去枯老叶，以及拔去弱势植株等园艺措施降低植株无效蒸腾。

2 土壤水分

土壤湿度调控的目的是满足植物对水分的要求，应根据不同植物种类的生态习性、天气情况和土壤干湿度情况进行适期、适量的浇灌，以保持土壤中有效水分。夏季浇水宜在清晨、傍晚进行，冬季浇水宜在中午进行。对水分和空气湿度要求较

水要浇到从花器底部流出，让土壤中的空气达到换气的作用。

高的种类，应适当地进行叶面喷水喷雾（湿度低于 60% 时）。对植物喷水时水雾要保持均匀，并与植物保持一定距离或调节水流量大小，保证水的冲击力不会伤害到植物。对由于阳光照射强、介质透水性高、黏性土球难于浇透、冬季加温等原因造成的容易缺水的植物要注意观察并及时补水。

3 浇水要点

水质：以天然降水为上，其次是江、河、湖中的流水。用井水浇花应特别注意水质，如含盐分较高，应先行淡化处理，对喜酸性土花卉尤其如此。无论是井水或是含氯的自来水，均应静置 24 小时之后再用。

浇水时机：用食指按盆土，如下陷达 1 厘米，说明盆土湿度是适宜的，不需要浇水。若搬动花盆时重量变轻，或是用木棒敲盆边的声音听起来清脆，再或者土壤颜色变浅或呈灰白色，抑或是土壤干燥坚硬或捏捻呈粉末状，则需要浇水了。

浇水原则：不干不浇，干指盆土干到植物濒临萎蔫的程度；其次是浇水要浇透，如遇土壤过干应间隔 10 分钟分数次浇水，或以浸盆法给水。为了救活极端缺水的花卉，常将盆花移至阴凉处，先浇少量水，以后逐渐增加，待其恢复生机后再彻底浇透。正常情况下，不要等到花卉萎蔫再浇水，因为这样会影响植株的正常生长和开花。

四季浇水要点

春季：温度适宜，适合植物生长，水分吸收快，宜在傍晚浇水。

夏季：植物生长旺季，土壤易干燥，需补充水分。若发现土壤过于干燥，每天早晚各浇一次水。切忌中午浇水，以免导致植物枯萎。君子兰等不耐热花卉在夏季高温时处于半休眠状态，浇水次数需要减少。

秋季：天气逐渐转凉，需要提高植物抵抗力，可以逐步减少植物补水量。

冬季：浇水次数明显减少，可在白天温度稍高时浇水，水温宜接近土温或室温。处于休眠期的植物需要控制浇水。

施肥

土壤中虽有植物可利用的矿质元素，但各种元素在土壤中含量不一，所以对缺少或不足的元素应及时补充。还有植物所必需的微量元素如硼、锰、铜、锌、钼，以及镭、钍、铀等也是植物生存必不可少的。影响肥效的常是含量最少的那一种元素，例如在缺氮的情况下，即使基质中磷、钾含量再高，花卉也无法利用，因此施肥应特别注意营养元素的完整与均衡。增加土壤养分、改良土壤结构、保持土壤水分、补充某种或某些必要元素，可以达到增强植物长势的目的。具体施肥的种类、用量和时间应根据植物习性、苗龄、生长阶段、天气进行综合考虑。

1 肥料的类型

肥料分为有机肥和无机肥，品种繁多，但均不得含有毒物质。

无机肥肥效高，常为有机肥的 10 倍以上。商品无机肥有氮肥如尿素、硝酸铵、硫酸铵、碳酸氢铵等，磷肥如过磷酸钙、磷酸二氢钠等，钾肥如硫酸钾、氯化钾、磷酸二氢钾等。这些是基本肥料或称肥料三要素。此外有复合肥料，其中氮、磷、钾含量的百分比可能不同，但顺序不变，如肥料袋上标明 5-10-10 的肥料，为含氮 5%、含磷 10%、含钾 10%；有的是说明三种要素之间的比例，如 2-1-1，意为氮的含量为磷、钾含量的 2 倍。近年时兴缓释肥，如尿甲醛，其在细菌作用下逐渐释放出氮来为花卉所利用，在土壤中有效期可达 2 年。

无机肥施用方法

1. 呈粉状、颗粒状或小球状的无机肥，施用时可撒于地面，随即灌水或耕埋入土壤。

2. 液肥可加水稀释施用，还可于滴灌或灌水时同时施用，也可喷施叶面，肥效更快，根部吸肥发生障碍时喷施效果尤佳。

有机肥来自动植物的遗体或排泄物，如堆肥、厩肥、饼肥、鱼粉、骨粉、屠宰场废弃物，以及制糖残渣等。有机肥一般由于肥效慢，多作基肥使用，但以腐熟为宜，有效成分作用的时间长，无效成分有改良土壤理化性质的作用，如提高土壤的疏松度，加速土与肥的融合，改善土壤中水、肥、气、热的状况等。堆肥还用于覆盖地面。有的无机肥如过磷酸钙、氯化钾等与枯枝落叶和粪肥、土杂肥混合施用效果更好。有机肥施用量因肥源不同、种类间差异大，应用时因地因花卉种类制宜。

2 施肥的时期

施肥应在花卉需肥或是表现缺肥时进行。植物养分的分配首先是满足生命活动最旺盛的器官，一般生长最快和器官形成时，也是需肥最多的时期，因此春季应多施氮肥。夏末不宜重施氮肥，否则促使秋梢生长，冬前不能成熟老化，易遭冻害。秋季当花卉顶端停止生长后，施完全肥，对冬季或早春根部继续生长的多年生花卉有促进作用。冬季休眠，短日照下花卉吸收能力也差，应减少或停止施肥。

追肥施用的时期和次数受花卉生育阶段、气候和土质的影响。苗期、生长期以及花前花后应施追肥；高温多雨或沙壤土，施肥量宜少而次数宜多。对于速效性、易淋失或易被土壤固定的肥料如碳酸氢铵、过磷酸钙等，宜于需肥时施；而迟效性肥料可提前施，如有机肥等。一般施肥后应随即进行浇水。在土壤干燥情况下，还应先行浇水再施肥，以利吸收并防伤根。

3 施肥量

因花卉种类、品种、土质和肥料种类不同，很难确定施肥量的标准。一般植株矮小、生长旺盛的阳台植物可少施；植株高大、枝叶茂盛、花朵繁多的植物宜多施。苗期、生长期以及花前花后应施追肥；高温多雨时，施肥量宜少而次数宜多。

不同植物的施肥量

需肥料少的阳台花卉：包括文竹、铁线蕨、杜鹃、红掌、卡特兰、石斛兰、栀子花、山茶等植物，每千克介质建议施复合肥1～5克。

需肥中量的阳台花卉：包括小苍兰、香豌豆、银莲花等植物，每千克介质建议施复合肥5～7克。

需肥多的阳台花卉：包括天竺葵、一品红、非洲紫罗兰、天门冬等植物，每千克介质建议施复合肥7～10克。其他喜肥的花卉如大岩桐，每次浇水应酌加少量肥料；而球根花卉如百合类、郁金香等宜多施钾肥。

花盆与基质

对于阳台植物种植而言，选择适宜的花盆与基质尤为重要。

1 花盆

我们在选择花盆时，应根据阳台植物种类、植株高矮和栽培目的去分别选用。花盆盆口直径要大体与植株本身体量相衬。花盆过大，不仅影响美观，且浇水后，盆土长时间保持湿润，植株吸水能力相对较弱，易导致烂根；花盆过小，则会影响植物根部发育。花盆的甄选可参考表3。

表3　常见花盆特点与适用植物

盆器	特点	适用范围及注意事项
瓦盆（泥盆、素烧盆）	一般用黏土烧制成，有红色和灰色两种，排水透气性能好，价格低廉，规格齐全	在花卉生产中广泛应用
木盆	木材透气性、透水性好，因此耐旱耐涝，而且吸热、散热快，有利于土壤中养分分解，使花卉发根多，生长旺盛	注意木材的防腐和生虫
石盆	石头花盆取自然之形，露本质之色，顺天然之质，具有返璞归真的特性，对土壤温度、湿度保持比较好，有利于花卉根系发育；但透水性差	适于栽植茶花、杜鹃、兰花等花卉
紫砂盆（陶盆）	外观古朴大方，规格齐全，但透水、透气性不及瓦盆。既可直接种植用，也可用作套盆	适合栽植喜湿润的花木
砂岩花盆	细砂岩雕刻制成，颜色多样，是花盆里面材质最好的一种	既可作为装饰物，也可以作为栽种植物的容器，适用于大多数植物

续表

盆器	特点	适用范围及注意事项
瓷盆	瓷泥制成，外涂彩釉。工艺精良，洁净素雅，造型美观。但是排水透气不良，多用作瓦盆的套盆	适合装点室内或展览花卉
釉陶盆	在陶盆上涂以各色彩釉，外形美观，形式多样，但排水透气性差	盆景用盆。不宜栽种对排水要求高的植物
水盆	盆底没有水孔，形式多样	适用于水仙等水培花卉
塑料盆	质料轻巧，经久耐用，色彩丰富，价格便宜，使用方便，不易破碎，保水能力强，但不透气、不渗水	适于较耐水湿的花卉，如龟背竹、马蹄莲等。在育苗阶段，也常用小型软质的塑料盆（营养钵）
玻璃钢花盆（FRP花盆）	纹理由泥雕塑或开模而成。款式多样，坚固耐用，不变形，耐腐蚀，规格齐全。表面可做各种颜色效果	适用于大多数植物

2 基质

基质就是栽培植物的材料，给植物提供生长所需养分，构成植物根部的微环境。阳台栽培基质最基本的要求是疏松、保水保肥性好、酸碱度合适。一般阳台植物栽培基质最常选用园土、泥炭土、珍珠岩、蛭石等。

选定栽培基质后，消毒是必不可少的一项关键性措施。对于家庭养花而言，日光消毒法是一种廉价、安全、操作简便的消毒方法。具体操作方法是将准备好的土壤铺在干净的混凝土地面上或木板上，均匀摊薄，在阳光下曝晒 3 ~ 15 天，可杀死病原孢子、菌丝、虫卵、害虫和线虫等大量有害物质。

阳台植物栽培基质改善措施

1. 在天气晴朗时适度疏松基质，疏松的深度和范围根据植物种类的不同而定，以不影响根系生长为限。

2. 增施有机肥，改善基质的理化性质，增强透气性。注意所使用的有机肥必须充分腐熟，施用的时间最好避开梅雨季节。

3. 根据植物习性局部改良土壤。小部分有特殊需求的植物种类，可根据其习性定期更换基质。例如凤梨类、兰花类、食虫类植物等。

各个种类阳台植物的基质配制要求不同。

· 对于瓜叶菊、蒲包花、三色堇、一串红等一、二年生草本植物，可用 50% 园土 +50% 河沙，或者是 50% 泥炭 +20% 河沙 +30% 树皮屑。

· 对于仙客来、大岩桐、球根秋海棠、球根观花植物等，常用 50% 园土 +50% 腐叶土，或 50% 泥炭 +30% 珍珠岩 +20% 树皮屑。

· 对于香石竹、菊花等宿根观花植物，基质需要疏松、维持较好的结构，因为此类植物的根系发达，生长期较长。

· 对于棕榈、热带花果等喜湿热植物，可采用泥炭、园土、珍珠岩、河沙等混合配制的栽培基质。

· 对于仙人掌、景天等多肉植物，配制基质时应当尽量接近原生态环境。目标是疏松透气、排水良好、具一定团粒结构、能提供植物生长期所需养分的沙壤土，同时避免使用过细、过小的粉尘。通常基质的搭配比例是无机基质：有机基质 =7 ∶ 3。

· 对于蝴蝶兰、石斛、文心兰、卡特兰等热带兰花类，水苔、珍珠岩、火山石、砖块颗粒、仙土颗粒、泥炭颗粒等成为理想的栽培基质。

· 对于杜鹃、报春花等高山植物，基质配制可选用山地假灰化棕色森林土，pH 值 4.6 ~ 5.3；苦苣苔科植物较适宜泥炭土、珍珠岩、蛭石和黄泥等按不同比例配制的基质；非洲紫罗兰的最优基质配比为泥炭土：珍珠岩：蛭石 =2 ∶ 1 ∶ 1；大岩桐的最佳基质配比为泥炭土：蛭石：黄泥 =2 ∶ 1 ∶ 1。

· 对于绿萝、龟背竹、喜林芋等观叶植物，要求基质富含有机质，疏松透水，可适用 40% 腐叶土 +40% 培养土 +20% 河沙。

上盆与换盆

1 上盆

当播种的花卉长出 4 ～ 5 片嫩叶或者扦插的小苗已生根时，应及时移栽到大小合适的花盆中，这个移植的过程叫作上盆。

幼苗上盆时间根据实际条件而定。新播种的花苗最好在成株时上盆。大多数宿根花卉应在幼芽刚萌动时上盆。木本植物花苗一般在花木休眠或刚萌发时上盆。扦插繁殖苗待生根后就应及时分苗上盆。

注意要点：如使用新盆，应先浸泡。如使用旧盆，应先行浸洗，除去泥土和苔藓，晾干后再用。上盆时，首先将破盆瓦片或窗纱垫置在盆底排水孔处以防盆土漏出，也利排水。上盆时，为减少对根系的伤害，幼苗根群四周应尽量多带些土，将苗木根部向四周散开，再加少量盆土至其将根部完全埋没，使盆土至盆缘保留一定空距，便于日后浇水与施肥。

2 换盆

换盆也叫翻盆，随着阳台种养的植株逐渐长大，需要将其由小盆移到较大的盆，这个过程叫作换盆。当发现有根自排水孔伸出或自边缘向上生长时，说明需要换盆了。一般而言，大多数花卉适合的换盆操作时间在休眠期或早春新芽萌动前。如果是早春开花的植物，应等其开花后再换盆。

不同植物换盆频次不同，如矮牵牛等一、二年生草花随时可进行，并可依生长情况进行多次。多年生盆栽花卉换盆应行于其休眠期，生长期最好不换盆，一般每年换一次。此外，生长较快的植物，一两年换盆一次，如月季、一品红等。而生长较慢的植物，如苏铁、茶花等，3 ～ 5 年换盆一次。

小贴士

上盆与换盆的盆土应干湿适度，达到“捏之成团，触之即散”的程度为宜。如盆土过于干燥，应提前一天灌水。换盆时托住盆土将盆倒置，另一只手通过排水孔下按，土球即可脱落。若遇盆缚现象，可用器具将根散开，再行修剪根系，除去老残冗根。上足盆土后，按紧盆边土壤，以防灌水后漏去。经上盆与换盆的阳台植物均应立即浇水，放在荫翳处2～3天之后，再移至阳台见光，注意保持盆土湿润。

修剪与整形

修剪整形的主要目的是使植物形状、层次更明显，使植株更健壮，减少营养消耗和病虫害。对生长速度比较快的植物进行适当修剪控制，可防止其过度生长，促使开花结果，为周边植物腾出生长空间，增强阳台微空间内的景观协调性。此外，可以对草本植物和小灌木生长过密的地方进行疏除，及时更换休眠或者生长不良的植物，调整植物种类，合理安排种植位置，为植物提供相对适合的生长环境，发挥其最大的观赏效果。

小贴士

修剪的刀具应使用0.1%～0.5%的高锰酸钾或75%酒精消毒，防止病菌交叉传染。

1 常规修剪方式

❶ 摘心

摘心可促使植物生发更多的侧枝，调节开花的时期。一株一花或一花序，或者花序摘心后花朵会变小的花卉不宜摘心；球根类、攀缘类、兰科植物，以及植株矮小分枝性强的花卉最好不要摘心。

❷ 修枝

剪除枯枝、弱枝、病虫枝、徒长枝、过密枝，以利于植株健壮生长。常见方式有重剪、中剪、轻剪和回缩，这四种修剪方法有时也不能截然分开，必须有机结合。

重剪：枝条基本都剪掉，留下树桩和几根主要枝条。一般在改变造型的情况下使用。

中剪：比重剪要轻些，只把一些枯枝、不需要的枝条剪掉，生长部位好的枝条只是短截，中剪一般在成型的植株上使用。

轻剪：只把一些弱枝条剪短，病枯枝条剪掉，健康枝条稍微剪短，一般在小苗、灌木上使用，尽量多留些枝条形成株势，以利光合作用。

回缩：把所有枝条剪短，使株形与春天时差不多，以腾出空间让植株生长、开花。

❸ 抹芽

有些芽过于繁密，有些芽方向不当，所以此时需要将多余的芽全部除去。抹芽的时机应选择尽早于芽开始膨大时除去，以免消耗营养。有些花卉如芍药、菊花等仅需保留中心一个花蕾时，其他花芽可全部摘除。抹芽是与摘心有相反的作用的一项技术措施。

④ 疏花疏果

开花结果需要消耗植物大量的养分，去除过多的花和幼果，可以调节营养生长与生殖生长之间的关系，促进幼龄花木的生长或获取优质花朵、果品和持续的观赏性，如芍药、菊花、月季等。

摘下顶端的生长点会促进侧芽的生长，增加茎、叶及花的数量，使植株显得更茂盛。

修剪不但可以让植株更加健壮生长，还可增强通风。

顶端的花蕾留下，叶片与茎之间长出的芽用手摘除，花会开得更多，果实长得更大。

去掉枯萎的花和叶，有利于预防病虫害。

2 特殊类别植物修剪与整形

● 多浆多肉类植物

对于大多数多肉植物，整枝修剪工作并不十分重要，但适时、合理的修剪可以压低株形，促使分枝，让多肉植物生长更健壮、株形更优美，修剪下来的枝条也可用于多肉植物的再次繁殖。多肉植物的修剪包括摘心、疏剪、强剪、摘除残花、摘蕾、修根等。

摘心：在茎部的顶端、叶片的上方进行剪除，适用于白雪姬、碧雷鼓、吊金钱等。

疏剪：主要目的是保持多肉植物外观整齐。常用于沙漠玫瑰、鸡蛋花、仙女之舞、仙人掌等，以花后或落叶后进行为好。

短截：剪除整个植株或在离主干基部 10 ~ 20 厘米处修剪，常用于植株过高或植株长势极度衰弱的多肉植物，适用于彩云阁、非洲霸王树、红雀珊瑚等。

摘除残花：对于不留种的多肉植物要及时剪去残花，以免结实消耗过多养分，同时有利于新花枝的形成。适用于大花犀角、虎尾兰、铁海棠等。

抹芽：在生长期将植株上过多的侧芽或新生的小嫩枝除去，以减少养分消耗。常用于红卷绢、狐尾龙舌兰、球兰等。

修根：常在多肉植物移栽或换盆时进行，对过长的主根、受伤的根系、老根、烂根和过密的根系进行适当修剪整理。根部修剪后应涂抹硫黄粉或将杀菌剂稀释蘸根。

● 藤蔓类植物

藤蔓类植物具有攀爬蔓延的习性，而阳台内的空间有限，为了维持良好的观赏状态，需要进行针对性的修剪。

绑扎与支架

有些植物的茎或枝端柔长而纤细，如大丽花、小苍兰等；有些植物具有攀缘习性，如香豌豆、球兰等；有的为了植物造型审美，如可扎景成各种形式；有的为了阳台整齐美观，有时也会设置支架或支柱并对植株进行绑扎。

支架除了支持茎干、整形外，还可使枝叶较均匀地分布，改善枝条的通风与透光条件，更好地帮助植物生长。

支架常用的材料有铅丝、竹类、芦苇，以及紫穗槐等。捆绑时可用尼龙线、塑料绳或细铅丝。在长江流域及其以南各地常用棕线或是其他具韧性又耐腐烂的材料。由于植物种类和人们的要求不同，支架的形式也多种多样，常用的如表 4 所示。

表4　常见绑扎及支架形式

支架类型	绑扎方法	适用植物
单柱式	为防止植株倒伏，将单根竹竿直接插入盆土内，然后和主枝或花枝绑扎在一起，让它们直立向上生长	多年生草本观花植物
牌坊式	用铅丝或竹篾交叉编成类似牌坊的形式，将细长柔软的枝条牵引在牌坊上生长	常春藤、文竹、香豌豆、香石竹、牵牛花等
圆盘式	用铅丝或竹篾扎成圆盘式拍子，下立若干根支柱并插入盆土内。将柔软的花枝均匀绑扎在圆盘上或越过圆盘再向下垂挂	大立菊、仙人指、蟹爪兰等
网拍式	网拍形式可随心所欲地扎设，如半圆形、椭圆形、矩形、三角形、梯形等	南迎春、盾叶天竺葵、龙须海棠、旱金莲、昙花、令箭荷花等
螺旋式	对一些藤本花卉可使用这种支架，让枝条缠绕塔形支架呈螺旋状向上生长	广凌霄、叶子花等藤本花木

除了上述支架外，还可利用铅丝、细竹竿和竹篾等扎成圆球式、灯笼式等象形图案。待花木侧枝密生、叶丛细碎时，支架被遮盖起来，形成美观的绿色雕塑，为阳台增添生动的绿意。

病虫害防治

阳台种养植物主要有病害和虫害两种危害，一般性的防治措施是定期修剪、加强通风、降低空气湿度，以及施用化学药剂。下文列举了一些常见阳台植物病虫害及其针对性措施。

1 常见病害

黄叶病

阳台植物最容易发生的一种生理性病害。发病时，叶由绿变黄，甚至脱落。

水分

浇水过量：嫩叶发黄无光泽，老叶则无明显变化，根细小，新梢萎缩不长，应节制浇水。

缺水或浇水偏少：老叶自下而上枯黄脱落，但新叶一般生长正常，应适当加大浇水量、增加浇水次数。

肥料

施肥过量：新叶顶尖出现干褐色，老叶尖干焦枯黄脱落，一般叶面虽然肥厚有光泽，但大都凹凸不平，应停止施肥。

缺肥：长年未施肥则应薄肥勤施，盆小根结引起的则换盆。

光照

喜阴湿的阳台植物，如吊兰、万年青、一叶兰、玉簪、竹芋等，若被强烈阳光直射，叶片常出现黄尖，置于阴处即可。

温度

在寒冷的冬季，如室内温度低，有些怕冷的花卉，如白兰、广东万年青、一品红，叶子也会变黄、脱落。还有些植物如倒挂金钟、杜鹃，在闷热潮湿的环境中有黄叶的现象，要注意通风和降温，盆土不能过湿。

喜酸性土的花卉，如杜鹃、栀子、山茶等，如盆土或水质偏碱，常引起叶片由绿转黄，可使用0.2%～0.5% 的硫酸亚铁水溶液喷施。

黑腐病

好发于多肉植物，通常是由于浇水过多或养殖环境过于湿润而引起的真菌感染或是土壤介质不透气导致的。

对策：切除腐烂的部位，将植株放在通风处，等伤口干燥愈合。

白粉病

植物叶片、嫩梢上布满白色粉层，白粉是病原菌的菌丝及分生孢子。发病严重时病叶皱缩不平，叶片向外卷曲，叶片枯死早落，嫩梢向下弯曲或枯死。

对策：遇此病需及时清除病源，清扫落叶残体并烧毁。不用有白粉病的母株扦插、分株。发病初期用25%粉锈宁2000倍液、45%敌唑铜2500～3000倍液或64%杀毒矾500倍液防治，隔7～10天喷药一次。刚发生时，也可用小苏打500倍液，隔3天一次，连喷5～6次。

锈病

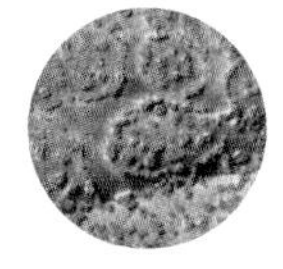

植物茎干的表皮上出现大块锈褐色病斑，并从茎基部向上扩展，严重时茎部布满病斑。

对策：可结合修剪，将病枝剪除，重新萌发新枝。

灰霉病

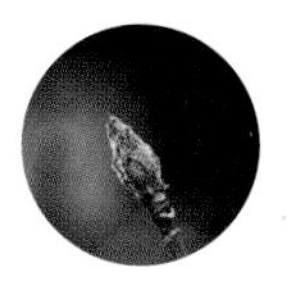

真菌性病害，主要发生在春秋两季低温、多雨、阳光少的天气。被感染部位出现水渍状的褐色斑纹，表面覆盖着灰色霉点，花芽内部组织软化腐烂。

对策：发病初期用50%异菌脲按1000～1500倍液稀释喷施，5天用药一次；发病中后期用多菌灵20克，兑水15千克，3～5天用药一次。

炭疽病

这是一种真菌性病害。发病初期叶片出现褐色小斑块，后扩展成为圆形或椭圆形。病斑渐变干枯，严重时整株受侵。

对策：遇此病害，可开窗通风，降低室内空气湿度。再用70%甲基硫菌灵可湿性粉剂1000倍液喷洒，或者喷洒70%甲基托布津，以及60%的炭疽福美、多菌灵等，防止病害继续蔓延。

黑斑病

植物叶片上出现黑斑，通常是圆形，接着叶片会枯萎或者化水，轻轻一碰就掉落，慢慢所有叶片开始长黑斑，直至生长点，然后整株死亡。

对策：未消毒杀菌的土壤不要使用，种植环境注意通风，基质切忌长期潮湿。常规的多菌灵、百菌清都能治疗。

2 常见虫害

介壳虫

此虫易危害叶片排列紧凑的龙舌兰属、十二卷属等多肉植物，主要吸食其茎叶汁液，导致位株生长不良，严重时出现枯萎死亡。

对策：若数量少，可用毛刷驱除。若数量多，可用敌敌畏800～1500倍液喷杀。

粉虱

大戟科的彩云阁、虎刺梅、玉麒麟、帝锦等灌木状多肉植物易受其害。在植物叶背刺吸汁液，造成叶片发黄、脱落；同时诱发煤污病，使茎叶上产生大片难看的黑粉。

对策：除改善环境通风外，喷药2天后再用强力水流将死虫连同黑粉一起冲刷掉。药剂可选用2.5%溴氰菊酯、10%二氯苯醚菊酯或20%速灭杀丁2500～3000倍液。

蚜虫

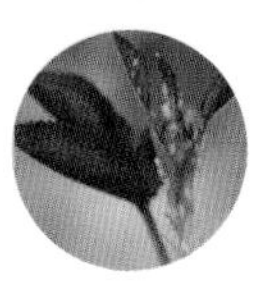

蚜虫是危害花卉最常见的一类害虫。它的危害部位大多在嫩茎、嫩叶和花蕾上，而且往往多在叶片反面，引起叶片变色、皱缩、卷曲、形成虫瘿等。严重时造成枝叶枯萎，甚至全株死亡。蚜虫的排泄物还易引起煤污病。

对策：一定要定期清除盆内的各种杂草，防止蚜虫生长传播。或利用草木灰100倍液浇到根部土壤中，这对蚜虫有一定的杀伤作用。但当蚜虫大量发生时，可用50%抗蚜威可湿性粉剂3000倍液，或2.5%溴氰菊酯乳剂3000倍液，或40%吡虫啉水溶剂1500～2000倍液等喷洒1～2次。

红蜘蛛

红蜘蛛在高温下生长最旺，常在植株上拉丝结网，叶片出现黄、白色斑点。往往初期不易发现它，待叶片枯萎脱落时已不易挽救。在危害仙人球时，会使整个球体萎缩发黄，以至死亡。

对策：防治红蜘蛛，平时应多注意观察叶背，及时摘除虫叶；当发现较多叶片发生虫害时，应及早喷药，常用的药剂有阿维菌素、乙螨唑悬浮剂、丁氟螨酯、乙唑螨腈、三唑锡、四螨嗪等。可利用家庭养花所备花卉喷雾器加药后摇匀，随即喷洒。喷药要求均匀、周到，尤其要注意对准叶背喷好。

繁殖

1 有性繁殖

有性繁殖也称播种繁殖，多在春季和秋季进行，也可自行调节室内的温度和湿度进行育苗。

播种繁殖

春季宜在 2—4 月播种，秋季宜在 8—10 月播种。一般步骤如下：

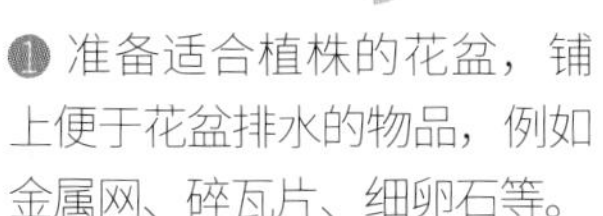

❶ 准备适合植株的花盆，铺上便于花盆排水的物品，例如金属网、碎瓦片、细卵石等。

❷ 铺上培养土，将种子均匀撒入土中，播种密度依种子和盆尺寸有所不同。

❸ 覆土。有些种子轻压入土壤即可。

❹ 喷水或将花盆浸入大一些的水盆，使水从盆孔渗入土中。比如杜鹃花种子很小、很轻，喷水操作时易被冲出，宜用后者。

2 无性繁殖

无性繁殖主要有扦插繁殖、分株繁殖、压条繁殖、嫁接繁殖等。

扦插繁殖

扦插繁殖根据植物的生长习性不同，扦插的季节也不同，一般选取生长健壮的枝、根、叶、芽等植物营养器官进行扦插，利用其再生能力形成新植株。下面步骤以枝插为例：

❶ 选取健壮的植物枝条作插穗，除去下半部叶片，必要时在切口涂生长促进剂。

❷ 用镊子轻夹插穗，将其插入沙土中，深度因植物而异。

❸ 浇透水，置于阴棚或半阴处，勤喷雾，等待生根。

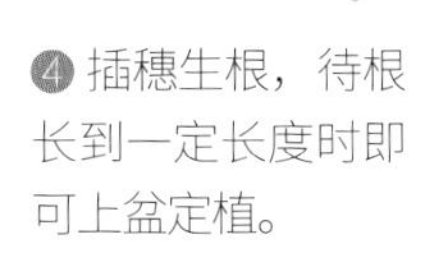

❹ 插穗生根，待根长到一定长度时即可上盆定植。

分株繁殖

分株繁殖是把植株的蘖芽、球茎、根茎、匍匐茎等从母株上分割下来，另行栽植为独立新植株的方法，一般适用于宿根花卉或丛生性强的观赏性灌木。方法步骤如下：

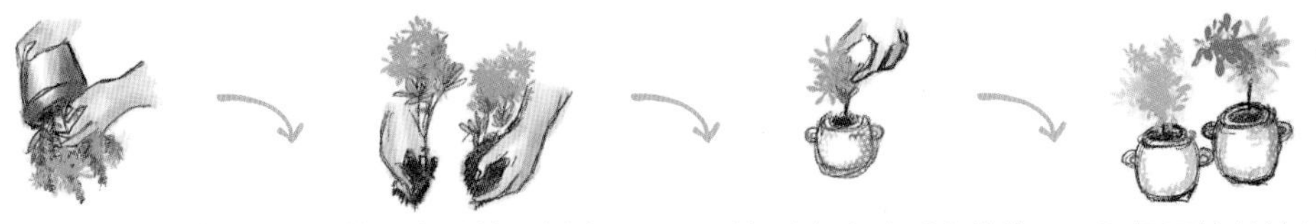

❶ 用手托住盆底倒扣，轻轻将植株取出。 ❷ 找到合适的分割点，将植株分开。 ❸ 重新选择大小适宜的花盆，分别将其栽种起来。 ❹ 根据植株特性养护即可。

压条繁殖

压条繁殖又分为普通压条和空中压条。普通压条是将茎蔓直接接触盆土进行压条，生根后上盆分栽的方法。适用的花卉有迎春、茉莉、常春藤、凌霄等。空中压条是划伤枝条，将培养土包在伤处令其生根后再上盆分栽的方法。下面步骤以普通压条为例：

❶ 将近地面的枝条或茎蔓刻伤后压入土壤中，用木条或金属丝固定好。

❷ 保持土壤湿润，促使压条处生根。

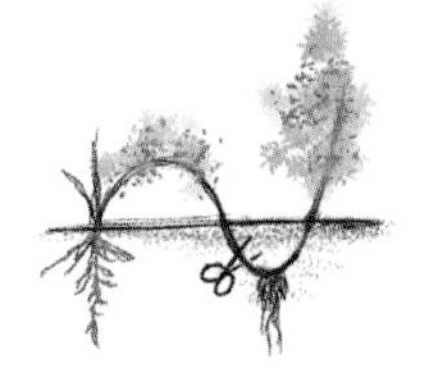

❸ 生根后将植物之间的枝节剪断，之后上盆分栽。

嫁接繁殖

嫁接繁殖是将植物的枝或芽嫁接到其他植物体上的繁殖方法。用于嫁接的枝条称接穗，所用的芽称接芽，被嫁接的植株称砧木。嫁接成功的苗木可称为嫁接苗。一些木本花卉，如梅花、月季、山茶等。下面步骤以枝接为例：

❶ 选取健康接穗，并将其接口削成楔形。

❷ 将接穗插入砧木切口，使二者紧密贴合。

❸ 在砧木和接穗结合部缠上防水材料，用绳子捆紧即可。

阳台植物图鉴

春·夏·秋·冬

春

Petunia hybrida

1. 矮牵牛

- 学名　碧冬茄。
- 别名　撞羽牵牛、灵芝牡丹。
- 科属　茄科，碧冬茄属。
- 产地　南美洲。

形　态　一年生半蔓性草本花卉，株高30～60厘米。叶有短柄或近无柄，卵形。花单生于叶腋，花冠白色或紫堇色，漏斗状，长5～7厘米。

习　性　矮牵牛喜温暖及阳光充足的环境，耐干旱、畏霜冻、怕积水。气温较高则开花更旺盛。适宜疏松、肥沃、排水良好的微酸性沙壤土。

种　养 Point

基　质　培养土按园土3份、腐叶土2份、河沙1份的比例混合配制，添加少量有机肥料作基肥，并掺入适量多菌灵可湿性粉剂进行土壤消毒。

定　植　由于矮牵牛对晚霜反应敏感，露地定植不宜太早。花坛定植的株距为25～30厘米，盆钵定植为每盆定植小苗1株。定植场地必须有充足的光照，雨季要及时排涝，夏季要勤浇水，浇水时注意不要淋至花叶上，因植株被黏质茸毛，沾水很容易造成水渍。

施　肥　对土壤肥力要求不严，肥、水太多反而会引起枝叶徒长，影响开花。除施基肥外，一般在梅雨季节过后每隔半个月追施1次稀薄水肥，直至开花前。

修　剪　矮牵牛较耐修剪。苗期摘心1次，以增加分枝。生长过程中，可以根据需要随时整枝修剪，尤其在开花后剪枝，能迅速抽生新梢，并再度花满枝头。

病虫害　矮牵牛注意防止风害、日灼及冻害，尽量避免碰伤叶片，常发白霉病、叶斑病、病毒病和蚜虫。发病时及时摘除并清理病叶。白霉病发病初期喷洒75%百菌清600～800倍液。叶斑病喷洒50%代森铵1000倍液。病毒病与蚜虫防治方法一样，喷洒40%氧化乐果1000倍溶液，严重时喷洒10%氧化乐果1000倍液或高博（70%吡虫啉）水分散粒剂15 000～20 000倍液。

要诀 Point

❶ 种子极细小，宜盆播育苗。

❷ 小苗须带土坨移栽，否则生根差，移栽后恢复生长缓慢，甚至容易枯萎。

❸ 在光照充足的高温条件下，植株开花最为繁茂，如遇阴凉气候条件，则叶茂花少。

❹ 施肥量要适中，肥力过剩会导致枝叶徒长，影响开花。

栽培日历

季节	月份	播种	扦插	摘心	观赏
春	3				
	4				
	5				
夏	6			夏季摘心1次	
	7				
	8				
秋	9				
	10				
	11				
冬	12				
	1				
	2				

Calceolaria herbeohybrida

2. 蒲包花

- 别名　荷包花、拖鞋草、猴子花。
- 科属　玄参科，蒲包花属。
- 产地　美洲墨西哥、秘鲁、智利一带山区。

形　态　一、二年生草本花卉，茎、枝、叶上有细小茸毛，叶片卵形对生。花形别致，呈荷包状。花色艳丽，变化丰富，有黄、白、红等深浅不同的花色，部分着生橙、粉、褐红等颜色的斑点。花期正值春节前后，时间较长，是冬、春季重要的盆花。

习　性　不耐寒，怕暑热，一般在盛夏到来之前完成结实过程后枯死。要求气候湿润而又通风良好的环境条件，室温保持7～15℃，对土壤要求比较严格，以富含腐殖质的沙壤土为好。

繁　殖　蒲包花以种子繁殖为主，宜采用浸盆法播种。秋季播种，在温室越冬生长，翌年春季开花。播种期应选择在8月下旬或9月上旬。

种　养 Point

基　质　栽培用的培养土，一般用腐叶土、壤土及河沙按5：3：2的比例混合配制，并掺入少量珍珠岩以增强基质的透气性。

定　植　种子出苗后，如果小苗过密，要适时进行间苗。幼苗长出2片真叶时，要分苗移植于苗盆或苗床。长出3～4片真叶后，取苗定植于口径15厘米的花钵内，每钵定植一株苗。

光照管理　蒲包花属长日照植物，为了使其在元旦和春节开花，除应提早播种外，最重要的是增加光照时间，为此，需把光照时间延长到14小时以上。

水肥管理　蒲包花忌施大肥。在生长期，一般每隔10天追施一次稀薄液肥。初花期应增施磷钾肥，现蕾后停止施肥。

在生长过程中，要保持较高的空气湿度，浇水要依据盆土干湿度状况而定，一般见盆土表面干而浇，浇则浇透。

病害虫　在蒲包花的幼苗期，如果土壤过湿，容易产生猝倒病。可采取消毒土壤及喷洒代森锌的方法进行防治。

在生长期，高温高湿的环境条件下，植株易发生蚜虫和红蜘蛛等虫害，可用100升水和10毫升乐果配制的溶液喷施防治，并加强环境的通风换气管理。

要诀 Point

❶ 播种期要选择在8月下旬至9月上旬，这是提高开花品质的重要因素。

❷ 播种宜在播种盆中进行，并用浸盆法浇灌育苗，不可喷淋。

❸ 生长期施肥要少量多次，禁大肥。浇水量也要适度，切忌把水洒落叶面上。

❹ 低温处理是花芽分化的必备条件。花芽分化一般在气温15℃以下发生。

栽培日历

季节	月份	播种	定植	开花	结果	浇水	施肥	病虫害	观赏
春	3								
	4								
	5								
夏	6								
	7								
	8								
秋	9								
	10								
	11								
冬	12								
	1								
	2								

Hippeastrum rutilum

3. 朱顶红

- 别名　孤挺花、百子莲、红花莲、华胄兰。
- 科属　石蒜科，朱顶红属。
- 产地　巴西等南美洲国家。

形　态　多年生草本植物，世界著名的温室花卉。株形别致，花色艳丽，花形奇特诱人，花瓣具有斑纹，叶形规正。

习　性　性喜温暖、温润的环境，夏季休眠。既怕高温，又惧严寒，忌强光直射。适宜生长温度为10～25℃，若气温达35℃以上，则根茎易腐烂枯死。

种 养 Point

上盆定植　栽前盆底排水孔用瓦片或纸片垫好，上铺一层2～3厘米厚的炉渣或粗沙，上盆时盆底加入鸡粪或饼肥等有机肥、复合肥作为基肥，再加入配好经过消毒的基质。栽时注意不要伤根，球根刚种下时，先露出大半个球体，大约2/3，然后将栽培基质压实，浇一次透水，并经常检查球根的状态，因为此时球根容易发生溃烂现象，等球根的根、叶长出后，再用基质覆盖到球的2/3或3/4处。

温湿度管理　朱顶红不耐寒，生长期要求温暖、湿润的环境，最适生长温度为20～21℃。栽种前将种球放置在气温为13～15℃干燥、通风的阴凉处15天左右，有利于根系的发育生长。15天后待发芽长出叶片时，再将种球转移至通风良好、气温18～25℃、空气湿度65%～80%的条件下进行常规管理。

光照管理　朱顶红喜光，特别是冬季需要充足的光照。刚种植时先放置在阴暗处以利于生根，待2周左右发芽长出叶片后逐渐增加光照，再发芽长出叶片后移到阳光直射处，以便花箭抽出。

水肥管理　初期少浇，开花前适当增加，开花期浇足，平时以保持盆土湿润为宜。刚种植时浇透水，之后少浇水，在发芽前基本上不浇水，等到发芽之后加大浇水量。随着叶片的增加可增加浇水量，花期水分要充足，花后要控制水分，以盆土稍干为宜。

在发芽前除底肥外，不另外施肥。苗期以氮肥为主，中后期以磷、钾肥为主，促进球根肥大，防止徒长。

栽培日历

季节	月份	播种	分球	定植	开花	施肥	起球
春	3						
	4						
	5						
夏	6						
	7						
	8						
秋	9						
	10						
	11						
冬	12						
	1						
	2						

新手种植朱顶红可能会遇到“夹箭”的现象，即花箭夹于叶片中难以挺立绽放。为避免该现象，在家庭种养该植物时，要给予充分的光照，待长出新叶后，每周施1次以磷、钾为主的肥料，如枯饼、骨粉等。一直施到花箭抽出停止，否则易出现提前落花、落蕾的现象；另外，在栽植过程中应始终保持盆土湿润，以确保开花及生长时对水分的需求。花谢后及时从花箭基部剪除，以免消耗植株体内养分，以促进新花箭的萌生。

Tulipa gesneriana

4. 郁金香

- 别名　洋荷花、郁香草麝香。
- 科属　百合科，郁金香属。
- 产地　欧洲。

形　态　多年生草本植物，地下具卵圆形鳞茎。叶3～5枚，条状至卵状披针形。花单朵顶生，大而艳，花色多样，长5～7厘米，宽2～4厘米。花期4—5月。

习　性　喜冬季温暖湿润、夏季凉爽稍干燥、向阳或略阴环境，较耐寒，忌酷热。秋季种植，冬季鳞茎生根，春季抽叶开花，夏季休眠。花朵白天开放，夜间及阴雨天闭合。

种　养 Point

上　盆　选择肥大健壮的种球，每盆（口径20厘米）种植3～5个，种植深度以种球顶部与土面齐平为宜。如果种植的是未经冷藏处理的种球，上盆后应放置在自然低温环境下养护，经历低温春化阶段后才会正常开花。

浇　水　种后浇足定根水，越冬期间，若土壤不过分干燥就无须再浇水。早春芽萌动出土后，浇水量一定要充足而均衡，土壤要始终保持湿润而又不能积水。

施　肥　除施足基肥外，在幼芽出土、展叶、着蕾和花谢四个时期，分别追施一次低浓度速效复合肥。在孕蕾期，对叶面喷施2～3次0.2%的磷酸二氢钾溶液，能有效提高开花质量。

解　惑 Point

1. 郁金香鳞茎腐烂是什么原因?

❶ 挖出的鳞茎没有晾干且附有带病菌的

泥土，贮藏期间温度高、湿度大。

❷ 种植时，土壤未消毒或施用未经腐熟的肥料作基肥。

❸ 培植的土黏、排水性差，造成土中积水。

❹ 鳞茎挖掘过早，新的鳞茎生长不充实。

2. 郁金香种球退化是什么原因?

❶ 出现病毒病，这是导致种球退化的主要原因。

❷ 连作重茬，这是种球退化的另一个主要原因。

❸ 肥水不当。若氮肥过量，又缺乏磷钾肥，对其生长不利。

❹ 气候不适。由于与原产地气候不同。

要 诀 Point

❶ 种植土壤以中性偏碱为好，若使用酸性培养土必须预先混合适量石灰加以中和。

❷ 盆栽初期需放置冷暗处（9℃）3～4周促进种球发根，只有根系生长良好才能保证开花良好。

❸ 盆栽必须保持盆土湿润，干旱严重影响生长开花。

❹ 种球贮藏和种植前尽可能消毒处理。

❺ 种球不能长期在高温条件（23℃以上）下贮藏，否则开花不佳。

栽培 日历

季节	月份	播种	开花	种植	施肥	种球采收
	3					
春	4					
	5					
	6					
夏	7					
	8					
	9					
秋	10					
	11					
	12					
冬	1					
	2					

Hyacinthus orientalis

5. 风信子

- 别名　五色水仙、洋水仙。
- 科属　百合科，风信子属。
- 产地　原产南欧地中海东部沿岸及小亚细亚。

形　态　多年生草本植物。鳞茎扁球形。叶4～9枚，狭披针形，肉质肥厚。花色分为蓝色、粉红色、白色、鹅黄色、紫色、黄色、绯红色、红色八个品系，原种为浅紫色，具芳香。花期3—4月。

习　性　喜凉爽、湿润及阳光充足的环境，稍耐寒，有春化要求。如果种植的鳞茎没有经过低温处理，那么种植后必须经历一个低温阶段才能正常开花。对光照要求不严，在人造光条件下也能正常生长开花，适合室内栽培。

种　养 Point

选购种球　鳞茎外表皮为紫红色就开紫红色花，外表皮是白色就会开白色的花。紫红色的花香味较为浓馥，粉红色的花较为清香，而白色的花香味最淡。购买者可根据不同需要加以选择。

盆　植　盆土用腐叶土（或泥炭土）、苔藓和河沙混合。先将球茎用水喷湿后再上盆种植。覆土不宜过深，留鳞茎顶端露出土面，种植之后最好在盆土表层再覆盖一层粗沙。先将花盆置于冷凉阴暗处（低于10℃）40～60天，保持盆土湿润，当鳞茎生长出发达根系后（有根须从盆底孔穿出），再移至温度为16～20℃有光照的场所养护。

水　养　选健壮饱满的鳞茎，将球茎的外表和附着的土粒剔干净，然后放置在带口径的玻璃瓶上，口径大小宜正好托卡鳞茎，注意不要让鳞茎直接接触到水。先将水养瓶放置在冷凉黑暗处（低于10℃）。当芽与根长到5～6厘米时，再转至有明亮光照处，在10～20℃条件下养护40～50天便可开花。注意：须经常转动花瓶，使植株各个部分受日照均衡，每隔3～4天更换清水一次。

要诀 Point

❶ 盆栽初期需经过一段黑暗期培植，待发根后再移至有光处养护。

❷ 必须保持盆土湿润才能确保生长良好。

❸ 盆土一定要沥水快，若盆土积水会造成花序枯萎。

❹ 室内种植要加强通风，否则将引起叶片发黄。

栽培日历

季节	月份	分球	定植	施肥	开花
春	3				
	4				
	5				
夏	6				
	7				
	8				
秋	9				
	10				
	11				
冬	12				
	1				
	2				

在栽植风信子的过程中，可能会遇到生理性芽腐、顶端变绿病、花串生长歪斜、顶端开花等问题。这些现象与温度控制有关，为防止其发生，应明确选择栽植的风信子品种所需的低温期，确保生根期保持9℃恒温，生长期也最好保持20～25℃恒温，防止温度骤升骤降，在种植期间温度降幅不能大于5℃。

Zantedeschia aethiopica

6. 马蹄莲

- 别名　水芋、慈姑花、海芋百合。
- 科属　天南星科，马蹄莲属。
- 产地　南非。

形　态　多年生草本植物，地下具肥大肉质块茎。叶片心状箭形，佛焰苞长10～25厘米，管部短，黄色；檐部稍后仰，具锥状尖头，亮白色，有时带绿色。花期3—5月。

习　性　喜温暖、湿润的气候环境。理想的生长温度为8～25℃，不耐寒，冬季低温和夏季高温均会导致植株休眠。冬季要求光照充足，其他季节需遮阳30%，忌夏季暴晒。

种　养 Point

春季管理　马蹄莲喜水喜肥，生长期间浇水一定要充足，甚至可以直接将花盆搁置在浅水槽中水养。除施基肥外，每隔10天左右追施一次液肥，2月还要增施磷肥，以促使花蕾萌生。浇水施肥切忌浇淋株心和叶柄，以免腐烂。

夏季管理　5月以后天气热，叶片逐渐变黄，此时可减少浇水，将盆侧放，令其干燥，促其休眠。叶子全部枯黄后，倒盆取出块茎，用清水冲净泥土，风干后放置于通风阴凉处贮藏。

秋季管理　秋季取出块茎栽植，栽植前应将块茎底部衰老部分削去。每盆植球4～5个，培养土要肥沃疏松，既沥水又保潮，可用腐叶土2份、砻糠灰1份，或用泥炭土、园土、粗沙各1份混合配制，并内加骨粉、厩肥或过磷酸钙作基肥，以增加土壤肥力。由于地下根茎强健，宜选用较大（盆径20～30厘米）、较深的高脚盆种植，每盆种植3～4个粗壮带芽的块茎，覆土后盆口应留较大空间，并覆盖一层干净松针，以利于浇水和保湿。浇透水后，把盆放在半阴处。经过10～14天后出芽，约30天叶片基本生长齐整。霜降前（10月下旬），移入温室或室内朝南向阳窗台上养护。

冬季管理 冬季室温应保持在10℃以上，并注意通风换气，给予充足日照，少施氮肥，促进多开花。这样春节后可陆续开花，到3—4月开花最盛。

要诀 Point

❶ 特喜潮湿，生长期要充分浇水。

❷ 夏季遇高温会倒苗休眠，应放置阴凉通风处养护，预防软腐病发生。

❸ 冬季给予充足日照，少施氮肥，促进多开花。

❹ 若叶子生长繁茂应及时疏去老叶，以利花梗抽出。

栽培日历

季节	月份	分球	开花	上盆	施肥	修剪
春	3	✓	✓			
	4	✓	✓			
	5	✓	✓			
夏	6	✓				✓
	7					
	8					
秋	9	✓		✓	✓	
	10	✓		✓	✓	
	11	✓				
冬	12					
	1					
	2		✓		✓	

马蹄莲在进入生长旺盛阶段后，应给予充足光照。若光照不足，马蹄莲会只抽苞而不开花，甚至花苞逐渐变绿至萎蔫。它喜欢长光照，而不喜欢强光照，因此当夏季阳光过于强烈灼热时，要采取避强光的措施。此外，马蹄莲易受烟害，大量烟尘覆盖叶片表面时，叶片会变黄，这时须给予其良好的通风条件，并适时喷淋叶片。

Narcissus Pseudonarcissus

7. 洋水仙

- 学名　黄水仙。
- 别名　喇叭水仙、漏斗水仙。
- 科属　石蒜科，水仙属。
- 产地　地中海沿岸地区。

形　态　多年生草本植物，鳞茎球形。叶4～6枚，直立向上，宽线形，长25～40厘米，宽8～15毫米，钝头。花茎高约30厘米，顶端生花1朵；佛焰苞状总苞长3.5～5厘米；花梗长1.2～1.8厘米；花被管倒圆锥形，花被裂片长圆形，淡黄色；副花冠稍短于花被或近等长。花期3—4月。

习　性　喜温暖、湿润及阳光充足的环境，较耐寒，也较耐阴，但不耐酷热。对土壤要求不甚严格，除重黏土及沙砾地外均可生长，但以土层深厚、肥沃湿润而排水良好的土壤最好。

种　养 Point

露地栽培　10月间种植，种植深度为球茎高度的2倍，种后充分浇水并铺盖上稻草，达到保湿保温效果。花后尽早摘除残花，以利球茎膨大。市场所售种球第二季开花品质会降低。通常5—6月叶片枯黄后及时将鳞茎挖出，晾干贮藏于通风凉爽的地方过夏，贮藏温度最好控制在15～25℃。

盆　植　培养土的合成比例是腐叶土（或泥炭土）2份、河沙1份，并添加少量石灰和颗粒复合肥。选用中等大花盆，每盆种3个种球，覆土2厘米厚，土填满后覆盖水苔以保湿，充分浇水后置于室外日照充足处，保持温暖湿润条件，避免过度干燥与急剧的温度变化。注意种植初期温度不宜超过25℃，否则易影响正常生长开花。洋水仙同样可以水养观赏，方法与中国水仙相同。

促成栽培　如果想提前在元旦、春节开花，种植前必须对鳞茎进行低温春化处理。具体方法：将鳞茎挖起后，首先在15℃左右冷藏4周，再经8℃低温处理6～8周，于10月上旬栽植低温温室，室温夜间15℃左右，白天21℃，切忌超过30℃，培养大约2个月后即可开花。

要　诀 Point

❶ 若选用冷处理过的种球来栽培，一定要在10月后种植，不宜过早，否则遇高温（25℃以上）会影响开花。

❷ 多施基肥，少施追肥，一旦追肥过多，容易诱发腐败病。

❸ 在植株基部撒上石灰能预防球根腐烂。

❹ 花后及时摘除残花以减少养分消耗。

栽培 日历

季节	月份	分球	播种	下球种植	休眠	开花	施肥	起球
	3							
春	4							
	5							
	6							
夏	7							
	8							
	9							
秋	10							
	11							
	12							
冬	1							
	2							

家庭种养前，需要先进行种球的选择及订购。一般来说，洋水仙种球越大，出芽越整齐，出苗时间也相对较早。另外，要注意洋水仙秋季种植后要及时浇透水，使种球与土壤紧密结合以顺利越冬；在其春季萌发期，对水分需求量也很大，要补足水分；而在5月下旬花后休眠期要减少浇水量，防止烂根烂球，但因浇水量不好控制，一般建议将鳞茎挖起。

Paeonia lactiflora

8. 芍　药

- 别名　将离、殿春、离草、没骨花。
- 科属　毛茛科、芍药属。
- 产地　亚洲东北部。

形　态　多年生肉质宿根草本植物，花期5—6月。根粗壮，分枝黑褐色；茎高40～70厘米，无毛；叶小呈窄卵形、椭圆形或披针形，先端渐尖，基部楔形或偏斜。花数朵，生茎顶和叶腋，有时仅顶端一朵开放，直径8～11.5厘米；苞片呈披针形，不等大；萼呈宽卵形或近圆形；花瓣呈倒卵形，长3.5～6厘米，白色，有时基部具深紫色斑块。

习　性　喜冷凉气候，耐寒性极强，在北方各地均可露地越冬。要求日照充足，在疏松、肥沃、透水性良好的沙壤土生长最佳，忌土壤黏重积水。

种养 Point

春季管理　早春植株萌动前少浇水，萌动生长至开花后，再适当增加浇水，并保持土壤干湿适度，不能积水。在芽萌动及开花前后各施追肥一次，追肥用复合肥较为理想。芍药开花前应保留1～2个顶蕾，其下的3～4个侧蕾通常疏去，以使养分集中于顶蕾，保证开花质量。开花时对易倒伏之品种应设立支柱。

夏季管理　花后应及时摘除残花，避免结实而消耗养分。

秋季管理　芍药要在秋季分栽，这是因为芍药在9月下旬至10月上旬分株后，可于冬季来临前使根系有一段恢复生长时间，产生新根，对翌年生长有利。一般家庭养花，6～7年分株一次。芍药根系较深，栽植应行深耕，并充分施以基肥，如腐熟堆肥、厩肥、油粕及骨粉等均可。种植深度以刚好掩埋芽头为度，覆土同时予以适度镇压。种后不必立即浇水，经过7～10天后再浇水，以防烂芽烂根。

冬季管理　每年秋冬之际视土壤肥瘠情况，可再施一些缓释性肥料。

要诀 Point

1. 土壤要排水通畅，否则易烂根。
2. 种后7～10天再浇水。
3. 以4年分栽一次为宜，要在秋季（9—10月）分栽，不能春季分栽。

解惑 Point

如何进行芍药疏蕾?

1. 选择晴天上午进行，便于伤口愈合。
2. 选用锋利剪刀细心操作，不能将花蕾的叶片剪伤或剪掉。
3. 疏蕾分两次进行。第一次在主蕾直径为1厘米时进行，先将主蕾和离主蕾最近的一个侧蕾留下；第二次在主蕾直径为2厘米时进行，除留下主蕾外，邻侧蕾全疏去。

栽培日历

季节	月份	播种	分株	扦插	开花	结果	中耕	浇水	施肥	病虫害	观赏
春	3										
	4										
	5										
夏	6										
	7										
	8										
秋	9										
	10										
	11										
冬	12										
	1										
	2										

芍药是深根性肉质根，不耐水涝，积水6～10 小时即导致烂根，低湿地区不宜种植。

Phalaenopsis aphrodite

9. 蝴蝶兰

• 别名　蝶兰。

• 科属　兰科，蝴蝶兰属。

• 产地　亚热带雨林地区。

形　态　多年生草本植物，花期3—4月。茎很短，常被叶鞘所包。叶片稍肉质，常3～4枚或更多，上面绿色，背面紫色，椭圆形、长圆形或镰刀状长圆形。花白色，花瓣菱状圆形，先端圆，具短爪，侧裂片倒卵形，基部窄，具红色斑点或细纹。

习　性　喜高温、多湿和半阴环境，不耐寒，环境最低温度必须保持10℃以上。怕干旱和强光，宜肥沃和排水良好的微酸性腐叶土。根部忌积水，喜通风和干燥环境。

种养 Point

春季管理　春季遮光30%～50%，宜放室内朝南窗口附近，既防春寒又有一定光照；适当多浇水，但基质不可过湿；约半月浇施一次稀释的复合肥。蝴蝶兰的翻盆应在花谢后立即进行。

夏季管理　夏季喜半阴，应遮光70%，可移至半阴的阳台边角处，高温时需加强通风，并不断喷水降温。浇水应小心，不可将水分溅到叶基部的中心，导致叶基腐烂，影响开花。

秋季管理　秋季置于阳台半阴处，遮光70%，常往周围泼水降温、增湿。每星期浇水1～2次，7～10天施一次薄肥。晚秋的白天置于南面阳台增强光照，夜间移至北面阳台或窗口接受15～18℃的低温刺激。同时改施磷酸二氢钾，以催生花芽。

冬季管理　宜置于室内靠南窗口处，

使之接受较多光照，促进花茎生长和开花。冬季花梗抽出后一般经过2个半月到3个月即可开花。这期间白天温度保持在25～28℃，夜间温度保持在18～20℃较适宜，温度最好不要低于15℃。花开过后，需尽早将凋谢的花剪去。家庭栽培时切忌放在下面有暖气的窗台上。冬季注意保温防寒，不施肥、少浇水，基质较干后于中午前后浇少量温水。

病虫害　蝴蝶兰常见的病害有褐斑病、软腐病。可用50%多菌灵可湿性粉剂1000倍液喷洒。虫害有介壳虫和粉虱，用2.5%溴氰菊酯乳油3000倍液喷杀。

要诀 Point

❶ 蝴蝶兰需要新鲜空气，但不要过于通风，花期尤应留意。冷风会影响其生长，须加以遮挡。

❷ 冬怕冻死，秋怕低温多雨，夏怕烈日暴晒，秋末冬初怕蛞蝓，春怕早出室。

栽培日历

季节	月份	分株	定植	开花	换盆	浇水	施肥	病虫害	观赏
春	3	✓	✓	✓	✓				✓
	4		✓	✓	✓				✓
	5	✓			✓			✓	
夏	6					✓		✓	
	7					✓	✓	✓	
	8					✓	✓	✓	
秋	9					✓	✓	✓	
	10					✓	✓	✓	
	11					✓	✓	✓	
冬	12					✓	✓		
	1					✓	✓		
	2								

Cymbidium hyridus

10. 大花蕙兰

- 别名　虎头兰、喜姆比兰、蝉兰。
- 科属　兰科，兰属。
- 产地　我国西南等地。

形　态　大花蕙兰为多年生附生性草本植物，假鳞茎椭圆形，粗大，叶宽而长，下垂，浅绿色，有光泽。花葶斜生，稍弯曲，有花6～12朵。花大，色泽艳丽，花色非常丰富，有多种颜色，包括红色、紫红色、桃红色、白色、黄色、淡绿色等。花略带香气。花期2—3月。

习　性　喜冬季温暖、夏季凉爽，适宜生长温度25～30℃。喜光照但不耐强光直射。光线不足亦可导致开花少、不开花或花的质量差。喜湿润环境。

种　养 Point

春季管理　新芽生长期和分株苗新植期，一定要保证充足的水分，经常对植株叶面喷清水。大花蕙兰对光照的要求高。春季应遮光20%～30%，浇水量应逐步增加。春季可进行繁殖，以花后的3～4个月较适合，将兰株清理干净，理顺根系，留20厘米左右，去掉过长的根、老根、病弱根，用利刃将植株切开，每盆应有2～3个芽，用树皮块及水苔将根系填实即可。

夏季管理　夏季每日浇水2次，夏季应遮光40%～50%。大花蕙兰的附生性较强，应在栽培场地附近经常喷洒清水，保持足够的湿度，以利大花蕙兰的生长发育。

秋季管理　秋季为花芽形成期，也是生长旺期，每日浇水1次，保证水分管理。此期间需一段6～15℃的低温，温度过

高则花芽不能形成或形成较少，9月下旬至12月花芽生长期可开始加大光照。

冬季管理 在我国大部分地区的冬季应移入温室内越冬，保持10～20℃的温度，可以延长花期。水分管理以每3～5天浇水一次为好，避免暖气与空调热风直吹枯株。白天把花放在客厅中观赏，夜间搬至温度稍低一点的卫生间等处，可以起到延长花期的作用。

病虫害 大花蕙兰的虫害主要有介壳虫、蜗牛等。介壳虫可用40%的氧化乐果乳剂1000倍液喷雾灭杀。蜗牛可采用人工捕杀。病害主要有叶斑病和叶枯病等，可采用50%的多菌灵1000倍液、50%的甲基硫菌灵1000倍液防治。

要诀 Point

❶ 春季遮光20%～30%，夏季遮光40%～50%，9月下旬至12月的花芽生长期加大光照。

❷ 冬季入温室越冬，并保持5～8℃以上的温度。

❸ 大花蕙兰的附生性较强，因此应在栽培场所喷洒清水，以提高空气湿度。

栽培日历

季节	月份	分株	开花	换盆	浇水	施肥	病虫害	观赏
	3							
春	4							
	5							
	6							
夏	7							
	8							
	9							
秋	10							
	11							
	12							
冬	1							
	2							

Dionaea muscipula

11. 捕蝇草

- 别名　食虫草、捕虫草。
- 科属　茅膏菜科，捕蝇草属。
- 产地　原产于北美洲东岸，分布于亚洲、非洲和大洋洲的热带和亚热带地区。

形　态　多年生草本食虫植物，叶片轮生，莲座状丛生，在叶柄末端长有一个形似贝壳的捕虫夹，“贝壳”外缘长有酷似“睫毛”的刺毛，也就是齿。伞状花序，花白色，花期夏，初期的时候会长出花茎。根黑色，不发达，长10～20厘米。

习　性　喜排水性、透水性好的基质。喜阳，对光照要求仅次于茅膏菜和瓶子草。对水质的要求比较高。

繁　殖　可采取扦插、分株和播种等方法进行繁殖，多采用叶插和分株。

种　养 Point

光　照　适于放在光照良好的阳台或窗边，春、秋、冬三季接受全日照，夏季适当遮阴，尤其对于绿色系捕蝇草，因为阳光过于强烈会造成捕蝇草叶片发黄的现象。若可提供充足光照，捕蝇草捕虫夹发育得更加健壮，使得其捕虫速度快速而有力。

水　分　用纯净水、雨水等软水进行浇灌。将栽种捕蝇草的盆放于托盘或玻璃缸内，这些容器内再注入一定深度的水，营造一个湿润的小环境。注意定期向容器补充水分。

湿　度　湿度保持50%以上，可在盆表土上铺层水苔来保持空气中的湿度。

基　质　泥炭土。建议基质配方为1∶1的珍珠岩、沙砾或纯水苔，每年春天需更换一次基质。若土质稍酸最好，符合捕蝇草的喜好。

温　度　生长适宜温度为15～35℃，在冬季5℃左右时，有些品种会出现休眠的现象。

要　诀 Point

因食虫植物根系极不耐盐，在基质中直接施肥可能导致植株死亡，建议在叶面上喷施较低浓度的液肥。夏季高温容易烂茎，环境良好的通风、根部降温、适合的光照、较大的日夜温差都有助于减少病害的发生。如需施肥可按指示浓度的1/5以上喷施！

解　惑 Point

捕蝇草怎样捕虫?

捕蝇草的捕虫夹可分泌蜜汁，当有小昆虫闻“香”闯入时，能非常迅速地夹住小昆虫。齿则在捕虫夹闭合时更快地形成封闭空间，使小昆虫难以逃脱并被消化吸收，成为植物的养分。

栽培 日历

季节	月份	叶插	分株	基质更换	浇水	施肥	观赏
春	3						
	4				每2～3天1次		
	5						
夏	6						
	7				每天2次，每次浇透		
	8						
秋	9						
	10				每2～3天1次		
	11						
冬	12						
	1				少浇水，保持基质微湿		室内观赏
	2						

Nepenthes spp.

12. 猪笼草

- 别名　水罐植物、猴水瓶、猪仔笼、雷公壶。
- 科属　猪笼草科，猪笼草属。
- 产地　主要分布于东南亚一带和大洋洲的巴布亚新几内亚，以婆罗洲和苏门答腊岛最为丰富。

形　态　能够捕食昆虫的多年生藤本或直立草本植物，茎木质或半木质化，陆生或附生于树木。叶长椭圆形，叶顶有攀缘之用的卷须，卷须末段长有形似瓶子或漏斗的捕虫笼，其上有顶盖。捕虫笼是猪笼草捕食昆虫的工具，它散发的甜蜜香味可以引诱昆虫前来，但光滑的笼口会使昆虫滑入其中，然后被消化液分解、消化、吸收。该植物生长多年后才能开花，花雌雄异株，为总状花序或圆锥花序，花较小，观赏价值比不上捕虫笼。果为蒴果，成熟开裂后散出种子。

习　性　喜湿、耐阴、怕强光，持久的强光照射会灼伤它们的叶片，造成叶片发黄。因此宜放于有明亮散射光的窗台或阳台附近。依猪笼草原生地海拔的不同（以海拔1200米为标准），可分为低地猪笼草和高地猪笼草。前者喜炎热潮湿的环境，对温差无过多要求；而后者生长则需要一个温差较大的环境。

种养 Point

基　质　猪笼草的基质需疏松、透气、透水性好。参考配方：3份水苔/泥炭+2份珍珠岩+2份树皮/泡沫粒/海绵粒。

光　照　大部分猪笼草品种喜阳，充足的光照是养出巨大且鲜艳的捕虫笼必要条件之一。但长时间直晒会使环境温度骤升，有可能灼伤猪笼草，因此最好用明亮的散光照射或在某时段进行适当遮阴，将温度控制在最佳生长温度范围内。

水　分　猪笼草喜欢疏松透气、透水、稍湿的基质，而水源最好使用含矿物质较少的软水。

湿　度　猪笼草通常生长在较为潮湿的地区，具有较高的湿度。较其他食虫植物而言，猪笼草对湿度的要求是最高的，湿度至少要达到50%以上。长时间低湿度会导致捕虫笼枯萎或不结新笼。若栽培环境湿度较低，可使用玻璃缸、套袋等方法进行闷养，闷养时注意放置于有明亮散射光的地方，不能长时间接受直射光照射。

营　养　若猪笼草有丰富虫源捕食，就无须施肥。人工投喂昆虫也可以，但最好不要盲目向幼年或新移栽的猪笼草投喂，因其还不具备完整的消化能力，投喂后腐烂死亡的昆虫可使捕虫笼坏死。若顾及家庭种养的环境卫生，也可改为对猪笼草施肥以补充养分，可使用速溶的叶面肥，请勿将非缓释肥料直接施用到土壤中。

栽培日历

季节	月份	扦插	浇水	施肥	光照
春	3		每天浇水1~2次	施缓释肥	正常光照
	4				
	5				
夏	6		每天浇水3~4次	每月淋施1~2次稀薄的有机液肥（牛粪腐熟液）	用遮阳网遮阴
	7				
	8				
秋	9		每天浇水1~2次		置于阳光充足处莳养
	10				
	11				
冬	12		少浇水；向叶面及周围喷水，保持环境湿度	不施肥	
	1				
	2				

Daphne odora

13. 瑞　香

- 别名　瑞兰、千里香、蓬莱紫、风流树、睡香。
- 科属　瑞香科，瑞香属。
- 产地　我国长江流域及南部各省。

形　态　常绿小灌木。枝粗壮。叶互生，长卵形或长圆形，先端钝，基部楔形。头状花序顶生，多花；花外面淡紫红色，内面肉红色，萼筒壶状，长0.6～1厘米，外面无毛。花期3—5月。

习　性　喜凉爽湿润、排水良好、半阴的林缘环境，喜冬暖夏凉。冬春需阳光，夏季偏阴。畏寒，忌烈日暴晒，怕风雨。如遇夏季暴雨，一淋一晒，容易死亡。萌芽力强，耐修剪，易造型。

种　养 Point

盆栽瑞香喜富腐殖质、排水良好的土壤。可用山泥，如用塘泥则要掺河沙。肥料要沤熟薄施，也可用饼肥或颗粒肥以及磷酸二氢钾。可施以腐熟的禽畜粪、油粕等为基肥。花前及生长期间，每隔7天施肥一次，可用腐熟的有机肥、豆饼或豆饼屑等肥水。冬天应置室内，室温要在8℃以上。生长季节要给水适度，过干过湿，皆非所宜。

要　诀 Point

1. 瑞香根为肉质，耐干恶湿，忌生碱土。
2. 不论扦插或嫁接，进行后必须遮阴20天才能提高成活率。

解　惑 Point

如何让瑞香安全越夏？

1. 遮阴。瑞香喜半阴环境，忌阳光暴晒，应放置在有充足的散射光处栽培。
2. 防雨淋。应在暴雨前及时把瑞香移到

能免遭雨淋的地方。

❸ 防止浇水过量、盆土过湿。频繁地浇水会使盆土处于过湿的状态，从而引起根系的腐烂，使瑞香的叶片下垂和失去光泽，若不及时抢救，很快便会死亡。

❹ 忌施浓肥。瑞香不耐浓肥，施肥过浓会使植株逐渐枯萎，甚至很快死亡。

❺ 叶面喷水。瑞香喜湿润环境，夏季应多向枝叶洒水以提高空气湿度。

栽培日历

季节	月份	扦插	定植	开花	造型	施肥	病虫害
春	3						
	4						
	5						
夏	6						
	7						
	8						
秋	9						
	10						
	11						
冬	12						
	1						
	2						

瑞香种类繁多，有红花瑞香、紫花瑞香、金边瑞香、蔷薇瑞香等。其中，金边瑞香是瑞香的变种，以“色、香、姿、韵”四绝蜚声世界，是世界园艺三宝之一。而且金边瑞香花期正值春节，受到中国花友的喜爱。将其栽植在家中，赏花色美丽，闻极致香味，同时也承载人们“瑞气盈门”“花开富贵”的美好愿望，是不可多得的优良家庭盆栽花卉！

Clematis florida

14. 铁线莲

- 别名　威灵仙、转子莲、铁扫帚。
- 科属　毛茛科，铁线莲属。
- 产地　中国、日本。

形　态　落叶或常绿宿根藤本植物，叶对生，园艺种多为一、二回三出复叶，披针形，靠叶柄缠绕攀缘。棕黄色肉质根，直径可达0.5～1厘米，根数量是苗龄、品质判断依据。花瓣披针形或卵圆形，花形花色丰富，有重瓣品种。花期早春至初夏，部分品种秋季会二次开放。

习　性　喜阳，耐寒，喜凉爽，最低可耐零下20℃低温，有耐热品种、耐阴品种等区别，在选择品种时要挑选适宜当地气候及种植朝向的品种。肉质根喜凉爽、喜肥、不耐积水，需要透气性很好的腐叶土，可加入饼肥、骨粉、鸡粪作底肥。

种　养 Point

种养原则　干透浇透，薄肥勤施，注意搭建牵引架、支撑架供盘绕。

花期修剪　花后修剪至花以下2～3节。

冬季修剪　铁线莲在冬季落叶后的修剪可分三类。

一类：早花型早春着花于去年老枝，只需小幅修剪，去除老弱枝、过密枝。

二类：早花大花型保留可以开出早花的老枝，并刺激新枝生长以开出晚花，剪去顶端2～6节或20～25厘米，适当调整株形，保留整株的2/3～3/4。

三类：晚花型所有花着生于当年新枝，需要强剪。在冬季休眠时剪至离基部15～30厘米或2～3节。

要诀 Point

❶ 每1～2年需要换盆一次，在冬季休眠期进行，将底部盘结的根轻轻散开，加入缓释肥或有机肥作底肥。注意底肥不要直接接触根系。

❷ 由于是肉质根，要尽量选择透气、大小适当、适合根系强弱情况的花盆，盆底铺透水层，以促进盆土干湿循环，防止积水。地栽时也要选择透气、排水良好的土壤。

❸ 铁线莲喜阳，却不耐高温，夏季炎热时应适当遮阴，一般深色系较耐晒，而浅色系更需荫蔽。铁线莲根部喜凉爽，可以在土面铺松鳞、卵石以保持土壤凉爽。

❹ 适当深植，定期浇灌杀菌药水，可防枯萎病的发生。

❺ 如果购买的是裸根苗，种植的第一年只能轻剪，而种植一年后不论是哪一型品种，都应在冬季强剪一次，使整株返新，促使其长出健壮新枝。

栽培日历

季节	月份	选购	播种	定植	扦插	牵引	修剪	开花	施肥	休眠
	3	●		●		●		●	●	
春	4	●		●	●	●	●	●	●	
	5	●		●	●		●	●		
	6	●						●		
夏	7	●						●		
	8	●						●		
	9	●	●	●	●			●		
秋	10	●	●	●	●				●	
	11			●					●	
	12						●			●
冬	1						●			●
	2						●			●

在家庭种养铁线莲时，注意为其提供支撑物适时牵引，因铁线莲靠叶柄卷曲缠绕攀爬，若长时间不牵引，任其生长，就会造成新枝纠缠的问题，影响植株生长开花。

Vinca major

15. 蔓长春花

- 别名　攀缠长春花。
- 科属　夹竹桃科，蔓长春花属。
- 产地　原产欧洲。我国江苏、浙江、台湾等地也有栽培。

形　态　半蔓性灌木，叶对生，心形至椭圆形，先端尖。也有花叶品种。花腋生，蓝白色，花冠5裂、斜截形、旋转风车状，花径3～5厘米，中心为正五边形花冠筒，花蕊藏于其中。花期3—5月。叶片油亮、繁茂常绿，是理想的地被植物。

习　性　喜温暖湿润，喜阳，耐半阴，不耐旱。较耐寒，冬季在0℃以上可以露天越冬，北方需覆盖越冬。以土层深厚、富含腐殖质的沙壤土为宜。

繁　殖　可采取扦插、分株或压条繁殖。在生长季节均可进行扦插，取成熟健壮枝条，剪成带2～3节的插穗，插于不含肥料的河沙中。根从节中伸出，故一定要埋1～2节入土中。插后遮阴保湿，只需1～2周，可迅速生根。

种养 Point

日常管理　蔓长春花喜阳，但忌阳光暴晒，夏季应遮阴或置于半阴处，并可适当喷水降温。其生长迅速，常用作林下或林缘地被植物，可快速覆盖地面。生长季节需供应充足水分，每月施用有机肥或复合肥2～3次。

修　剪　盆栽时需要摘心，促进分枝，使株形丰满，常多棵栽于一盆中，能更快出效果。每年冬季需要进行一次修剪，促使更多新枝萌生。2～3年后发生老化，应重剪使植株返新。

病虫害　蔓长春花一般在生长过程中不易发生病虫害。食叶害虫一般发生在春末夏初，造成叶片缺刻、孔洞等，可在虫害发生前期喷施5%杀螟硫磷或辛硫磷各800～1000倍液。

栽培日历

季节	月份	扦插	定植	开花	修剪	病虫害	施肥
春	3			✓			
	4	✓	✓	✓			✓
	5			✓		✓	✓
夏	6					✓	✓
	7		✓				✓
	8						✓
秋	9	✓					✓
	10						✓
	11						✓
冬	12				✓		
	1				✓		
	2				✓		

可在低矮的墙垣顶部或墙面设种植槽，再将其他蔓性强的俯垂型植物，如木香、常春藤、紫竹梅等与之搭配进行种植，从而得到悬垂绿瀑之境。若阳台面积较小，蔓长春花可作盆栽垂吊观赏。

16. 芦　荟

Aloe vera var.*chinensis*

- 别名　油葱、草芦荟、龙角。
- 科属　百合科，芦荟属。
- 产地　非洲南部、地中海地区。

形　态　多年生常绿肉质草本植物。叶簇生，肉质，粉绿色，条状，先端渐尖，基部宽阔，边缘疏生刺状小齿，长20～40厘米。总状花序，淡黄色。

习　性　喜温暖干燥，不耐寒。喜肥沃、疏松、排水良好的沙壤土。

种　养 Point

春季管理　芦荟盆栽基质要求具有一定蓄水保水能力、较好的保肥性和透气性，盆土宜用腐叶土和粗沙配制。芦荟生长较快，每年春季出室时应结合分株翻盆换土一次。春季浇水须充分，生长期每两周施一次液肥。

夏季管理　在高温、炎热、强辐射的夏季应注意遮阴、通风，注意不能使植株缺水，盛夏要每天浇水，但最好在日落之后进行，应尽量避免雨淋。

秋季管理　入秋后要控制浇水，逐渐减少浇水量和浇水次数，一般情况下可3～5天浇一次水。

冬季管理　冬季需要充足光照，要求土壤不积水，空气不过分潮湿。进入花期，应注意保温。冬季气温低，芦荟生长慢，温度低至5℃以下时几乎停止生长，叶尖、叶面出现黑色斑点，温度低至0℃就会冻死。在有霜冻的地方要用透明的薄膜盖好，采取保温增温措施，增施有机肥，确保安全过冬。同时由于冬季室温低，芦荟生长受到抑制，要尽量少浇水或不浇水，使盆土保持干燥。一般可15～20天浇一次。浇水后及时

松土，深1.5～2厘米为好。如空气太干燥，可叶面喷水，一则除尘，二则可减少叶面的水分蒸发，使叶片保持青翠。冬天浇水则要选在中午时进行，浇水量要少；冬季不节制浇水是造成盆栽芦荟烂根死亡和衰弱的重要原因，应引起大家注意。

要诀 Point

只要土壤不积水，空气不过分潮湿，冬季维持5℃左右的最低温都可以正常生长。

栽培日历

季节	月份	分株	播种	扦插	定植	翻耕	施肥
春	3	✓		✓	✓	✓	✓
	4	✓		✓	✓	✓	✓
	5	✓		✓	✓		✓
夏	6			✓			
	7			✓			
	8			✓		✓	
秋	9	✓	✓		✓	✓	✓
	10	✓	✓		✓	✓	✓
	11	✓	✓		✓		✓
冬	12						
	1						
	2					✓	

人类栽培和识用芦荟的历史很悠久。古埃及人把芦荟称为“神秘的植物”，公元前1550年的医学书《艾帕努斯·巴皮努斯》中记载了芦荟的药用方法。其后，芦荟被传到欧洲并在欧洲得到了广泛的认可。在12 世纪时，芦荟甚至被记载于德国的药局方里，这也是芦荟首次在一个国家的法令中得到认可。我国关于芦荟的记载最早是在宋代，《本草纲目》中记载芦荟“色黑、树脂状”，是经由丝绸之路从欧洲传来的。目前，我国家庭栽培的芦荟主要有库拉索芦荟、开普芦荟、中国芦荟及木剑式芦荟。家庭栽植时有个小诀窍，即浇水时不宜从上而下浇洒在植株上，而应浇灌在植株基部的土壤上。

Sedum morganianum

17. 玉米景天

- 学名　翡翠景天。
- 别名　松鼠尾、串珠草。
- 科属　景天科，景天属。
- 产地　美洲、亚洲及非洲温带地区。

形　态　常绿或半常绿多肉植物，茎匍匐下垂长达90～100厘米，叶表面青绿色，附白粉。叶长2厘米，宽5～8毫米，呈纺锤形，排列紧密，穗状向下弯曲，形似松鼠尾。花小，1～6朵着生于茎干顶部，深玫瑰色，于春季开放。

习　性　喜欢阳光充足的环境，可全日照射，缺少光线会使植物徒长，叶片松散、株形凌乱，适宜温度为18～21℃，不耐高温，耐寒，生长季可充分浇水，冬季控制浇水量，宜用疏松、透气、排水良好的微酸性沙壤土种植。

繁　殖　常用茎叶扦插繁殖，扦插可全年进行，但以春、秋季生根快，成活率高。扦插时选择姿态好、长势强健、长8～10厘米的插条，插后20～25天生根，根长2～3厘米时就可上盆。

种　养 Point

春季管理　早春除去覆土，充分灌水，促芽萌发。若植物长满全盆，需进行换盆。换盆前保持盆土干燥，以利于脱盆。换盆时铲除底部部分老土，并用锋利剪刀削去外层老根、病根，根系表土也要用铲子掘松，否则根系弯曲在盆壁周围不得伸展，植株往往发育不好。换盆后浇透水，放于阴凉通风处，等根系恢复后，进行正常养护管理。

夏季管理　将植物置于通风阴凉处，减少强光直射。由于枝条密集、分枝量大，通风不良时须减小浇水量以免烂根烂茎。

秋季管理　土壤过湿时植物易受冠腐病危害，主要表现为近地面的茎基部呈暗褐色，扒开表土可见根茎部和根部已开始腐烂，表土及茎基部生有白色绢丝状菌丝，最后扩大变成白色，严重时地上部分变黄直至全株死亡。发病后及时清理发病植株、更换盆土和土壤，也可用50%多菌灵可湿性粉剂1000倍溶液喷洒病株基部，控制病变扩展。

冬季管理　冬季室温应高于10℃，若需浇水可在晴天中午用温水浇灌。低于10℃时保持盆土稍干燥以顺利过冬。

要 诀 Point

玉米景天叶片密集，穗状弯曲下垂，悬盆种植易体现其美感。

栽培日历

季节	月份	分株	扦插	播种	换盆	病虫害	施肥
春	3	✓			✓		✓
	4	✓	✓	✓	✓	✓	✓
	5	✓	✓	✓	✓	✓	✓
夏	6	✓	✓			✓	✓
	7	✓	✓			✓	✓
	8	✓	✓			✓	✓
秋	9	✓	✓			✓	✓
	10	✓					✓
	11	✓					✓
冬	12						
	1						
	2						

玉米景天易受介壳虫和蚜虫危害，覆盖叶片形成白色蜡粉。介壳虫危害初期可通过人工刮除或肥皂水清洗，蚜虫危害则可通过氧化乐果乳剂防治。

Aeonium arboreum 'Atropureum'

18. 黑法师

- 别名　紫叶莲花掌。
- 科属　景天科，莲花掌属。
- 产地　加那利群岛。

形　态　莲花掌的栽培品种，植株呈灌木状，高1米左右，具长丝状气生根，多分枝，枝端的叶片排列成莲座状。叶肉质较薄，黑紫色，长5～7厘米，倒长卵形或倒披针形，先端有小尖，叶缘有白色睫毛状细齿。总状花序顶生，花小黄色，花后通常植物枯死。

习　性　黑法师属于多肉植物中的“冬种型”，夏季休眠，冷凉季节生长，喜温暖、干燥和阳光充足的环境，耐干旱和半阴，不耐寒和水湿。喜疏松、肥沃和排水良好的沙壤土。

种养 Point

春季管理　春季黑法师生长非常迅速，很容易长成小树状，应在温度适宜时进行换盆。可选用4份多肉植物专用腐殖土、2份粗沙、2份兰石、1份陶土颗粒、1份珍珠岩混匀作培养土，换盆完成后注意遮阴并保持少量的浇水。

夏季管理　黑法师夏季休眠比较深，休眠时叶片变短变宽，老叶全部脱落，变成光杆司令。在管理时应将植物放于半阴、通风处并控制浇水，使土壤保持稍湿。如空气过于干燥，可通过喷水提高空气湿度，促使植物顺利越夏。

秋季管理　秋季加强肥水管理，每月增施一次稀薄液肥，并保持良好的通风、充足的阳光和水分。这样不仅可以使植物生长旺盛，还会使植株呈现出漂亮的黑紫色。

冬季管理　冬季应注意防寒，根据自身条件结合植株状态来浇灌，室内有暖气设施的，注意加强光照，根据长势适度浇水。

要诀 Point

❶ 黑法师的扦插一般在早春进行，如果初夏进行扦插，非但成活率受影响，而且茎上出的芽也会减少。

❷ 生长季节，如果叶片变软，说明植物缺水。

❸ 黑法师随着枝干越来越长，最底部的叶片会自然干枯掉落，这是黑法师的特性。只要健康的叶子不落就没事，如果健康的叶片掉落，就要考虑浇水、土壤、通风等是不是有问题。

栽培日历

季节	月份	扦插	开花	换盆	休眠	施肥
春	3					
	4					
	5					
夏	6					
	7					
	8					
秋	9					
	10					
	11					
冬	12					
	1					
	2					

国外有上百种多肉被列为黑法师品系一类。栽培黑法师应给予其强烈的日照，这样可使它变得像玫瑰一样漂亮。黑法师可单棵栽种，结合其犹如椰树状的形态，种在外形独特的花器中。黑法师还可组合栽植，会有意想不到的观赏效果。

Bryophyllum pinnatum

19. 落地生根

- 别名　不死鸟。
- 科属　景天科，落地生根属。
- 产地　南非、马达加斯加岛。

形　态　多年生肉质草本植物。小叶长圆形至椭圆形，先端钝，边缘容易生芽，芽长大后落地即成一新植物。花冠高脚碟形，淡红色或紫红色。花期1—3月。

习　性　喜阳光充足、温暖湿润的环境，耐干旱。生长适宜温度为13～19℃。不耐寒，冬季适宜温度为7～10℃。种植在排水良好的酸性沙壤土中为宜。

繁　殖　常用不定芽繁殖或扦插繁殖，也可播种繁殖。不定芽繁殖是直接将叶子边缘生长的不定芽剥下，栽入盆中即可。在温暖季节均可扦插繁殖，但以5—6月最好，将健壮叶片切下，平放于沙床上，保持土壤湿度，7～10天就能从叶缘齿缺处长出小植株，把小植株切割移入盆内栽种即可。播种繁殖因种子细小，故播后不需覆土，温度适宜，2周左右即可发芽。

种养Point

换　盆　每年春季换盆一次。基质可以选用腐叶土3份和河沙1份配制的混合土。

水肥管理　生长期适量浇水，保持盆土湿润，浇水要待干透再浇，不必担心会干死，切忌盆中积水。秋冬气温下降，要减少浇水。冬季严格控制浇水。除了盛夏时间要稍遮阴，其他时间都要保证充足的光照。平时施肥不必过勤，生长季每月施一次肥即可。

修　剪　对新上盆的小苗要及时摘心，促进分枝。茎叶生长过高时，也要摘心以压低株形。对于较老的植株，应予以短截，使其萌发新枝。

栽培日历

季节	月份	不定芽繁殖	扦插	换盆	休眠	开花	施肥
	3						
春	4						
	5						
	6						
夏	7						
	8						
	9						
秋	10						
	11						
	12						
冬	1						
	2						

落地生根是比较耐旱的多浆植物，其叶片肥厚多汁，边缘着生整齐美观似一群小蝴蝶的不定芽，是点缀居室的优秀植材。栽培该植物，浇水不宜过勤，即使盆土干透了，它也不会死亡，干旱的环境反而会促使新芽萌发。但是在落地生根生长期最好保持土壤湿润，这样更有利于植株生长。落地生根的不定芽飞落于地，立即扎根繁育子孙后代，颇有趣味，家庭盆栽还可用于儿童科普教育。

Adiantum capillus-veneris

20. 铁线蕨

- 别名　铁线草、美人粉、猪鬃草。
- 科属　铁线蕨科，铁线蕨属。
- 产地　巴西。

形　态　多年生常绿草本植物。常为散生或成片生长，较低矮，高10～30厘米。根状茎横走。叶薄草质，小叶常中裂至深裂，叶脉扇状分叉，形似银杏叶。孢子囊群长条形。

习　性　喜温暖、多湿及半阴的环境，在疏松、肥沃含石灰质的沙壤土中生长较好。生长适宜温度18～25℃，冬天不低于10℃。

繁　殖　多用分株繁殖和孢子繁殖。分株繁殖通常在春季新芽萌动前，结合换盆同时进行。将大株分割成若干小丛，分别上盆培养。孢子繁殖则是在孢子成熟后播种，在空气湿度80%以上、温度25℃左右的环境中培养一年后移栽定植。

要诀 Point

春季管理　春季是换盆和繁殖的时期，栽植在小盆中，盆土用等量的腐叶土与黏土混合，温度保持在18℃以上。栽植后置于室内光线明亮处养护。

夏季管理　夏季要注意遮阴，强烈的日光会引起叶片枯萎。需充分浇水、喷水，保持盆土湿润和较高的空气湿度，空气湿度要求在60%以上。生长期一个月施一次稀薄液肥，但施肥不能污染叶面，否则易致叶片枯黄。

秋季管理　秋天还要继续遮阴，加强肥水管理，一定要防止土壤积水，一旦积水就会导致烂根。还要防止受叶枯病危害，发病初期可用200倍波尔多液喷洒；蚜虫、介壳虫可用40%氧化乐果乳油1000倍液喷杀。

冬季管理 入冬后，可结合修剪进行整形，在其他季节也要经常疏剪老枝，促发新枝，能始终保持植株旺盛生长。冬季要注意保暖，最好放置在室内养护，但应避免放置于暖气片（火炉）附近，以免空气过度干燥引起叶片枯萎脱落。

栽培日历

季节	月份	分株	定植	浇水	施肥	换盆	修剪	病虫害	观赏
	3								
春	4								
	5								
	6								
夏	7								
	8								
	9								
秋	10								
	11								
	12								
冬	1								
	2								

浇水适量，以见干见湿为主，切忌干盆；薄肥勤施。

Chlorophytum comosum

21. 吊　兰

- 别名　挂兰、折鹤兰、钓兰、兰草、土洋参。
- 科属　百合科，吊兰属。
- 产地　原产非洲南部，各地广泛栽培。

形　态　多年生常绿草本植物。根状茎短，根稍肥厚。叶剑形，绿色或有黄色条纹，向两端稍变狭。花白色，常2～4朵簇生，排成疏散的总状花序或圆锥花序。花期5月，果期8月。

习　性　喜温暖、湿润及半阴的环境。生长期适宜温度20℃左右，冬季温度不可低于5℃。稍耐阴，在强烈阳光直射或严重光照不足时，均会导致叶片枯尖。好疏松、肥沃的沙壤土。

种　养 Point

春季管理　每年春季翻盆一次，去掉部分老根，以促进新根生长。盆土一般用腐叶土与园土混合，盆底多垫些碎瓦砾以利滤水，避免因盆土积水导致肉质根腐烂。盆土应保持湿润，但不能积水。在室内摆放时，要放置在有阳光斜射的地方。

夏季管理　夏季是生长旺季，要有充足的水肥供应，注意遮阴，通过喷水保持较高空气湿度。每隔10～15天施一次液肥，肥水不要太浓，最好是浇完肥水后再浇一遍清水，以免叶片上残留肥水，使叶片发黄，出现黄斑。要防暑降温，加强通风，避免介壳虫危害，如果出现介壳虫，要及时发现，及时人工刮除。应放置在半阴环境，光线太暗或日照太强都会造成叶片枯尖。

秋季管理　秋季要继续水肥供应和遮阴，通过喷水保持较高空气湿度。浇水应避免灌入株心，否则易造成嫩叶

腐烂。

冬季管理 冬季室温保持在5℃以上，并适度控制浇水量，以盆土稍干为宜，盆土过于潮湿会诱发灰霉病、炭疽病和白粉病，继而烂叶。一旦发病，可用50%多菌灵可湿性粉剂500倍液喷洒。

解 惑 Point

吊兰的叶片为什么容易干尖？

吊兰叶片干尖是一种生理病害，大多是养护不当、管理不善造成的。其中最主要的原因是受到强光直射、空气干燥。莳养吊兰，一年四季都需要经常用清水喷洗枝叶，增加空气湿度，既能防止叶片干尖，又可保持叶片洁净，有利于光合作用，能使枝叶终年保持青翠嫩绿。

栽培 日历

季节	月份	播种	扦插	分株	开花	浇水	施肥	换盆	修剪
春	3	✓	✓			✓	✓		✓
	4		✓	✓		✓	✓	✓	✓
	5		✓	✓	✓	✓	✓	✓	✓
夏	6		✓			✓	✓		✓
	7		✓			✓	✓		✓
	8		✓			✓	✓		✓
秋	9		✓			✓	✓		✓
	10								
	11								
冬	12								
	1								
	2								

不易发生病虫害，但如盆土积水且通风不良，除会导致烂根外，也可能会发生根腐病，应注意喷药防治。

Alocasia 'Amazonica'

22. 黑叶观音莲

- 别名　黑叶芋、龟甲观音莲、美叶芋。
- 科属　天南星科，海芋属。
- 产地　原生于亚洲热带。

形　态　多年生草本植物，叶色鲜嫩而富有光泽，叶脉清晰，叶色深绿。

习　性　适宜温度在25～30℃，温暖、湿润和半阴环境，怕暴晒，耐寒力差。叶色在半阴条件下呈深绿色。喜排水好、肥沃、疏松的腐叶土壤。

种养Point

施　肥　可用有机肥料或氮磷钾肥，每月施用一次。

基　质　黑叶观音莲需用排水良好的土壤，一般盆土由腐殖土、河沙、煤球渣、骨粉混合而成。新栽植株需保持土壤半干状态，用园土、河沙、煤球渣、骨粉混合成土壤基质。

浇　水　浇水遵照“不干不浇，浇则浇透”原则，春秋季15天浇水一次，夏季5天浇水一次，中午不能浇水。需保持环境湿润，避免盆中积水，以免根系腐烂。春季至夏季需对叶片喷雾，不宜长时间将黑叶观音莲放置在空调冷气房。在盆土干旱情况下，叶片柔软下垂，浇水后很快恢复原状。

温　度　冬季温度不低于5℃，夏季需将黑叶观音莲放置在无直射阳光、通风良好、雨淋不到的地方养护，注意控制浇水，停止施肥，防止因闷热潮湿、土壤积水导致植株腐烂。

光　照　夏季高温时和冬季寒冷时植株都处于休眠状态，主要生长期在较为凉爽的春、秋季节。生长期要求有充足的阳光，如果光照不足会导致株形松散，不紧凑，影响其观赏性，而在光照充足处生长的植株，叶片肥厚饱满，株形紧凑，叶色靓丽。夏季光照太强时，叶色暗淡，长时间的强光照射会发生叶面灼伤，光线太弱会发生徒长的现象，植株易倒伏。

解惑 Point

如何给黑叶观音莲施肥？

一般黑叶观音莲的施肥方法是间隔20天施一次腐熟的稀薄液肥或低氮高磷钾的复合肥。注意不要将肥水溅到叶片上。需选择晴天的早上或傍晚进行施肥，施肥当天的傍晚或第二天早上浇水一次，一定要将水浇透，用来稀释土壤中残留的肥液。

冬季将黑叶观音莲放在室内阳光充足、温暖避风的地方，如温度达到10℃以上，可酌情施肥，使植株保持生长，如在10℃以下则需停止施肥。

栽培日历

季节	月份	分株	换盆	浇水	施肥	病虫害	观赏
春	3						
	4						
	5						
夏	6						
	7						
	8						
秋	9						
	10						
	11						
冬	12						
	1						
	2						

Rhapis excelsa

23. 棕　竹

- 别名　观音竹、筋头竹。
- 科属　棕榈科，棕竹属。
- 产地　我国南方及日本。

形　态　多年生常绿灌木。株高2～3米。茎圆柱形，有节，2～3厘米。叶掌状，4～10深裂，裂片条状披针形，长20～30厘米。肉穗花序，长达30厘米，淡黄色。

习　性　喜温暖，稍耐寒，但冬季温度不低于4℃。怕强烈阳光直射，适于半阴处生长。喜湿润，不耐干旱。适应性强，对土壤要求不严，以质地疏松、含丰富有机质的土壤为好。

繁　殖　一般应在早春新芽尚未长出之前，结合换盆的同时进行分株。分株后的苗应放在荫蔽、温暖、较湿润的地方进行管理1～2周，然后再进入正常管理。棕竹在大多数地方不结实，很难收到种子，故一般不采用播种繁殖。

种　养 Point

春季管理　栽植盆土用腐叶土与河沙等量混合配制，浇透水。

夏季管理　要防止阳光暴晒，在室外要搭阴棚遮阴，多浇水，掌握宁湿勿干的原则，保持盆土湿润。如果盆土干燥持续3～4天，叶片顶端就会变成茶色而枯萎。较高的空气湿度对生长十分有利，应经常用清水喷洒植株及周围地面。生长期每隔30天施肥一次，适当增施氮肥，并在肥料中加入少量硫酸亚铁以使叶色更加浓绿。

秋季管理　继续遮阴，防止阳光暴晒和阳光直射，也要多浇水，浇水仍然掌握宁湿勿干的原则，保持盆土湿润，要经常用清水喷洒植株及周围地面，以增加空气湿度。同时每隔20～30天施肥一次，以酸性肥为好。加强通风，在闷热的环境中生长易遭受介壳虫危害，可用40%氧化乐果乳剂800～1200倍液喷杀，也可人工刮除。

冬季管理　适当减少浇水次数，保持盆土排水良好，盆土要见干见湿，若积水会引起烂根而阻碍生长。为使其安全越冬，冬季室温应在5℃以上，可以适当见些阳光。

解　惑 Point

棕竹叶尖为何枯焦?

❶ 在夏秋季节遇有烈日暴晒或盆土过干。

❷ 冬季在室内养护时，盆土过干、空气不流通。

❸ 施入过未经发酵腐熟的“生肥”。

栽培 日历

季节	月份	播种	分株	开花	结果	换盆	浇水	施肥	病虫害	观赏
	3									
春	4									
	5									
	6									
夏	7									
	8									
	9									
秋	10									
	11									
	12									
冬	1									
	2									

在春夏生长期间，宜薄肥勤施，以腐熟的饼肥水较好，肥料中可加少量的硫酸亚铁，使其叶色翠绿。

Paeonia suffruticosa

24. 牡　丹

• 别名　白术、木芍药、花王、洛阳花、富贵花。

• 科属　芍药科，芍药属。

• 产地　原产我国西北部，以河南洛阳、山东菏泽最负盛名。

形　态　落叶小灌木。花期一般为4—5月。

习　性　生长最适温度为20～25℃，32℃以上生长不良。怕强酸、强碱土壤，喜微酸、微碱和中性且深厚肥沃的沙壤土，怕水涝、湿热和透气不良。虽喜阳光但怕炎热，忌强光直射，酷热之下常会出现枯叶现象，花瓣易萎蔫。耐寒，一般在-25℃都能安全越冬。

繁　殖　可用播种、分株、嫁接和扦插繁殖。

种　养 Point

春季管理　早春萌动后浇水宜少，春季天旱时要注意适时浇水，不然会影响花的质量，避免落叶。应在花蕾伸展时施一次促花肥，花谢后再施一次肥，以利于恢复植株的长势和促进花芽分化，决定翌年开花数量。剔除根茎颈部的萌蘖条，使养分集中在枝干上促进生长和开花。通常在花谢后进行修剪整形，花谢后要及时剪除残花，以免消耗养分；同时抹掉过多、过密新枝，截短过长的枝条，每株保留5～7根充实饱满、分布均匀的枝条，每根枝条保留2个外侧花芽，其余的应全部剪除。

夏季管理　牡丹喜阳光，但怕炎热，忌强光直射，否则叶片易枯焦，夏季需适当遮阴。牡丹为肉质根，怕水涝，若排水不畅通、土壤黏重、透气不良，易引起根系腐烂，造成植株死亡，适时中耕除草，是改善生育环境、减少病虫害发生的必要措施，通常在施肥浇水后或下雨后待土表稍干燥后即进行中耕松土，深度以不伤根为原则，一般以5厘米左右为宜，近根处浅，远根处深。夏季天气炎热，蒸发量大，浇水量需多些，但雨季不可多浇水。

秋季管理 秋季正是分株和栽种牡丹的最佳时机，此时栽后易发新根，有利成活、越冬和第二年的生长。栽植场所宜选地势高、排水良好而又遮阴处，可用6份园土、3份腐叶土、1份河沙混合调制培养土，栽前需将植株晾1～2天，并剪去过长的根，伤口处涂上草木灰。栽时施足基肥，这次施肥对增强来年春季生长有重要作用。栽后浇水要适量，水多易引起秋发，从而影响来年开花。

冬季管理 为使牡丹安全越冬，在寒冷地区，入冬后需培土防寒，并进行冬灌。对植株高大者，在植株基部培土，枝条用稻草捆缚。来年早春除去绑缚和培土。盆栽牡丹可于立冬前后移入室内向阳处，室温保持在5℃即可，入室前浇一次透水，翌年清明前后出室。

病虫害 常见病害为灰霉病、锈病、炭疽病，病情严重时叶子脱落，必须及时烧毁病枝叶，并用百菌清、多菌灵等喷洒。常见虫害主要为地下害虫蛴螬、地蚕，注意上盆前对盆土消毒。

栽培日历

季节	月份	播种	分株	嫁接	定植	开花	施肥	修剪	遮阴	休眠	病虫害	观赏
春	3											
	4											
	5											
夏	6											
	7											
	8											
秋	9											
	10											
	11											
冬	12											
	1											
	2											

Quamoclit pennata

1. 羽叶茑萝

- 学名　茑萝松。
- 别名　五角星花、游龙花、茑萝松、茑萝、羽叶萝松。
- 科属　旋花科，茑萝属。
- 产地　南美洲国家及墨西哥等地。

形　态　一年生蔓性草本花卉。叶卵形或长圆形，羽状深裂至中脉，具10～18对线形至丝状的平展的细裂片，裂片先端锐尖。花序腋生，由少数花组成聚伞花序。

习　性　喜阳光充足的温暖环境，不耐寒，对土壤要求不严，但在肥沃、排水良好的土壤上生长更好。

繁　殖　羽叶茑萝用种子进行繁殖，4月在露地苗床播种育苗，或者刨穴直播，也能自播繁殖。在露地苗床育苗采用条播法。播种后覆一层薄土，浇足水，一周左右可发芽。待幼苗长出3～4片叶时，进行移栽定植。移栽时需带土团，以利成活。直播是按20～25厘米的间隔刨穴点播。播种前，先浸种一昼夜。播种时，穴内浇水，待水渗透后，每穴播入3～4粒种子，再覆土2～3厘米厚。在小苗出土后，进行间苗，每穴留一株壮苗。

种养 Point

春季管理　繁殖羽叶茑萝用播种法，栽植初期生长较慢，须注意浇水施肥。

夏季管理　定植或间苗后，应立即设立支架，并注意牵引其上架，保护顶芽，使其任意蔓生缠绕。在苗高达到50厘米以上时，开始追肥，适当浇水，但施肥量和浇水量不宜过大，以免造成茎叶徒长而延迟开花。要随时注意给盆栽苗追施液态肥料。7月进入花期后要注意排水。

秋季管理　羽叶茑萝种子的成熟期不一，成熟后易开裂，并有自播的习性，故应注意随时采收。

要 诀 Point

❶ 栽培过程中，要摘心2～3次，促发分枝增抽花穗。

❷ 夏季要适当遮阴，忌施追肥，确保枝叶繁茂。

❸ 摘心后约经过一个半月，可抽穗开花。调节花期时，要注意控制最后一次摘心的时间。

栽培日历

季节	月份	播种	定植	花期	收获	施肥
春	3					
	4	●		●		●
	5					●
夏	6		●			●
	7			●		●
	8			●		
秋	9			●	●	
	10				●	
	11				●	
冬	12					
	1					
	2					

关于羽叶茑萝的美，在《真水无香》中，作者舒婷对羽叶茑萝有这样的描述：“茑萝是南方娇宠溺爱的小公主，吮吸着月色长大。它那细裂的羽叶，乌翎一样旋转着小舞步，一次比一次更接近星空。缱绻敏感的触须有如不懈的纤指，伸向苍茫，能接到几点流星雨吗！”

Zinnia elegans

2. 百日菊

- 别名　百日草、步步高、火球花。
- 科属　菊科，百日菊属。
- 产地　墨西哥。

形　态　一年生草本花卉。茎被糙毛或硬毛。叶宽卵圆形或长圆状椭圆形，长5～10厘米，基部稍心形抱茎，两面粗糙，下面密被糙毛。头状花序，重瓣，舌片倒卵圆形，花径5～6.5厘米，单生枝端，花序梗不肥壮。花呈深红色、玫瑰色、紫堇色或白色。花期6—9月。

习　性　百日菊长势强，喜阳光充足的环境，较能耐半阴，适应性强，不择土壤，但在土层深厚、排水良好的沃土中生长最佳。适宜的生长温度为20～25℃。不耐酷暑，气温高于35℃时，长势明显减弱，且开花稀少，花朵也较小。

繁　殖　百日菊以种子繁殖为主，也能扦插繁殖。种子繁殖宜春播，一般在4月中下旬进行，发芽适温为15～20℃。它的种子具嫌光性，播种后应覆土、浇水、保湿，约一周后发芽出苗。发芽率一般在60%左右。扦插繁殖是在小满至夏至期间，结合摘心、修剪，选择健壮枝条，剪取10～15厘米长的一段嫩枝作插穗，去掉下部叶片，留下上部的2枚叶片，插入细河沙中，经常喷水，适当遮阴，约2周后即可生根。

种　养 Point

定植成活后，育苗期施肥不必太勤，一般每月施1次液肥。接近开花期可多施追肥，每隔5～7天施液肥1次，直至花盛开。

苗高10厘米左右时，留2对叶片，

拦头摘心，促其萌发侧枝。侧枝长到2～3对叶片时，留2对叶片，第二次摘心。这样做能使株形蓬大、开花繁多。

春播后约经过70天即可开花。百日菊为枝顶开花，当花残败时，要及时从花茎基部留下2对叶片的地方剪去残花，以在切口的叶腋处诱生新的枝梢。修剪后要勤浇水，并且追肥2～3次，可以将开花日期延长到霜降之前。

要诀 Point

❶ 栽培过程中，要摘心数次，促发分枝，以达枝茂花繁。

❷ 开花后，要及时剪去残花，不仅可诱发侧枝，还可延长花期。

❸ 百日菊的种子具嫌光性，播种后覆土要严密，以提高发芽率。

❹ 雨季前成熟的第一批种子品质较好，应及时采收留种。

栽培日历

季节	月份	播种	扦插	花期	收获
春	3				
	4				
	5				
夏	6				
	7				
	8				
秋	9				
	10				
	11				
冬	12				
	1				
	2				

鲜艳的花次第开放，有趣的是百日菊第一朵花开在顶端，之后侧枝顶端开花比第一朵开得更高，所以又名“步步高”。

Portulaca grandiflora

3. 大花马齿苋

- 别名　半支莲、龙须牡丹、松叶牡丹、洋马齿苋。
- 科属　马齿苋科，马齿苋属。
- 产地　南美洲巴西。

形　态　一年生草本花卉。株高30厘米。茎平卧或斜升，多分枝。叶密集枝顶，较下不规则互生，叶细圆柱形，有时微弯，长1～2.5厘米。花单生或数朵簇生枝顶，花径2.5～4厘米，日开夜闭。花瓣倒卵形，先端微凹。花色有红色、紫色、黄色或白色。花期6—9月。

习　性　性喜光照充足、高温和干燥的环境，对土壤的适应性极强，在透气性良好的沙壤土中生长更佳，耐瘠薄。在充足的阳光下，花朵盛开，色泽艳丽；但在弱光下，花朵不能充分开放，甚至不开放。花多在午间开放，早、晚闭合。种子能自播，落地的种子在翌年可自然萌发。

种养 Point

长势强健，适应性强，栽培管理十分简便。对水肥要求不严，浇水宜少不宜多，以保持土壤稍微干燥最好。

夏季多雨、多湿、多阴天气条件下，植株易腐烂。在土壤黏重、积水或排水状况不好的情况下也容易造成根茎腐烂。

开花前，须追施2～3次有机肥，促其多分蘖、多开花，但在现蕾后不需要再施肥。

对光照要求严格，栽培场地必须阳光充足。花坛栽培应注意间苗及中耕除草。

大花马齿苋的缺点是每一朵花的寿

命短，阳光过强或肥水条件差时，开花时间更短，一般是上午8—10点开放。若想延长开花时间，一方面可以进行选种，选择重瓣、花大、色艳且开花时间长的单株留种或杂交；另一方面要加强肥水管理，使植株生长旺盛，开花时间较长。另外，阳台上光照强度比较合适，也可延长花期。

要诀 Point

❶ 栽培及应用都必须选择阳光充足的环境，否则开花不佳，甚至不开花。

❷ 该植物的茎叶皆为肉质，忌黏重，不耐积水，栽培土壤应排水良好，否则易烂根茎。

❸ 种子的成熟期不齐，且极易散落，应随熟随收。

栽培日历

季节	月份	播种	扦插	施肥	花期	收获
春	3					
	4			2~3次有机肥		
	5					
夏	6					
	7					
	8					
秋	9					
	10					
	11					
冬	12					
	1					
	2					

大花马齿苋是一种药用植物，又名“韩信草”，可清热解毒、活血化瘀、消肿止痛等。据传，汉朝开国元勋大将军韩信在战争中曾用其给伤兵治伤。这种草药熬汤后给受伤的士兵服用，轻伤者三五天就好，重伤者十天半个月痊愈，士兵们都非常感激韩信。

Oenothera biennis

4. 月见草

- 别名　山芝麻、夜来香。
- 科属　柳叶菜科，月见草属。
- 产地　南美洲的智利及阿根廷。

形　态　一、二年生草本植物，但在温暖地区为多年生草本。株高达1米。茎不分枝或自莲座状叶丛斜生出分枝。基生叶窄椭圆形或倒线状披针形；茎生叶无柄，倒披针状线形，先端渐窄锐尖，基部心形。穗状花序生茎及枝中上部叶腋，花瓣黄色，基部具红斑，宽倒卵形，长1.5～2.7厘米，先端微凹。花期4—10月。

习　性　月见草喜向阳，好肥沃带黏性的土壤。

繁　殖　月见草用种子进行繁殖，自播繁殖能力特强。人工播种在3—4月进行，一般播于露地苗床，但北方地区在温室或冷床播种。也可在9—10月进行秋播，露地苗床育苗。播种后，覆土，或不覆土用草遮盖，浇水，并保持土壤湿润，约1周后发芽。待幼苗长出4片真叶时移栽，于苗高10厘米时定植。

种　养 Point

定植株距30～40厘米。定植后浇水，在生长期要勤施肥，每隔20天追施一次液态肥。夏季管理中要注意排水。如果水肥管理恰当，由夏季到秋季可以一直开花不断。

为有效控制花期，花凋谢之后，剪去花枝，加强灌溉施肥，促使其萌芽抽枝，约在9月花朵可以再次盛开。在北方地区，冬季要剪去地上部分的枝条，覆盖10～15厘米厚的马粪，再在其上覆土，如此防寒越冬，到翌年6月可再次开花。

要诀 Point

❶ 喜肥水，在生长期要加强水肥管理。

❷ 由于是傍晚至翌日清晨开花，要注意与白天开花的种类作适当搭配。

栽培日历

季节	月份	播种	定苗	开花	结果	浇水	施肥	除草	病虫害	观赏
春	3	✓								
	4	✓		✓						
	5			✓		✓	✓			
夏	6			✓			✓		✓	
	7		✓	✓		✓	✓	✓	✓	✓
	8		✓	✓	✓	✓	✓	✓	✓	✓
秋	9	✓		✓	✓	✓	✓			✓
	10	✓		✓	✓					✓
	11									
冬	12									
	1									
	2									

月见草抽茎后怕涝，切忌过量浇水。

Helianthus annuus

5. 向日葵

- 别名　观赏向日葵、大菊。
- 科属　菊科，向日葵属。
- 产地　北美洲。

形　态　一年生高大草本花卉。株高可达3米，被白色粗硬毛。叶互生，心状卵圆形或卵圆形，顶端急尖或渐尖。头状花序，极大，直径10～30厘米，单生于茎端或枝端，常下倾。总苞片多层，叶质，覆瓦状排列，卵形至卵状披针形，顶端尾状渐尖。果实倒卵圆形或卵状长圆形。花期7—9月，果期8—9月。

习　性　向日葵喜阳光充足的温暖环境，不耐寒，不耐阴，要求栽培土的土层深厚、肥沃。花朵朝向随日照方向的变化而改变，始终朝向太阳。由种子发芽至开花的整个生长期为50～70天。

繁　殖　种子萌发出苗之后，要及时间苗。间苗后，保持株行距35～45厘米，盆钵育苗的每盆仅留壮苗一株。

种　养 Point

春季管理　春季向日葵为直根系植物，喜水肥，不耐移栽，宜直播育苗。春播时间在清明前后，种前可施一些农家肥、草木灰作底肥。在生长期，要追施3～4次液态有机肥，同时可叶面喷施浓度为0.2%～0.4%的磷酸二氢钾。但要控制氮肥的施用量，过多施用氮肥会导致植株徒长，并影响开花质量。栽培过程中无须摘心，栽培场地必须接受日光直射。

夏季管理　夏季向日葵在开花期间，如遇阴雨多风天气，不利于昆虫传粉，可进行人工辅助授粉。从花盘形成到开花是向日葵的旺盛生长期，需要养分多。此期间需水量也最多，如果雨水不足，要设法对其灌溉，以满足需水要求。

秋季管理 秋季收获向日葵过早会造成种子不成熟，采收晚了易受鸟害，或遇风引起落粒，遇雨发霉。其成熟的标志是茎秆变黄，叶片大部分枯黄、脱落，花盘背面成黄褐色，皮壳变为坚硬，此时应及时收获。

要诀 Point

❶ 向日葵为直根系植物，不耐移栽，宜直播育苗。

❷ 栽培过程中无须摘心。

❸ 栽培场地必须接受日光直射。

栽培日历

季节	月份	播种	水肥	观赏	收获
春	3		少量		
	4				
	5		高峰		
夏	6				
	7				
	8				
秋	9				
	10				
	11				
冬	12				
	1				
	2				

向日葵具有向光性，会随太阳回绕。在古代的印加帝国，向日葵象征着太阳神。在庭院种养向日葵，随之向往光明，心情也会变晴朗哦！

Lilium spp.

6. 百　合

- 别名　卷丹、番山丹。
- 科属　百合科，百合属。
- 产地　中国、日本，以及北美、欧洲等地区。

形　态　多年生草本，地下具球形鳞茎，由许多鳞片重叠抱合而成，花期5—8月。

习　性　多数种类喜冷凉气候，栽培适温为12～20℃。要求日照充足，也适应半阴环境，但不耐暴晒和浓荫。由于百合大多具底根和茎根两层根系，故栽培土壤一定要深厚疏松，排水保湿良好，并富含腐殖质。

繁　殖　可用播种、分株、扦插法。

种　养 Point

种植宜选用矮生品种，每盆（口径20厘米）栽种3个球茎。盆土用园土、堆肥和河沙的混合土，添加少量过磷酸钙。百合忌连作，每年应换盆换土一次。

浇　水　种植后，必须灌足定根水。出苗前，应适时浇水，保持土壤适度湿润，以利发根和迅速出苗。百合生长期宜偏干，土壤太湿时叶会发黄，因此，生长期要适度控制浇水。浇水的最佳时间是上午10点钟前后，这样到傍晚时植株上的水分会干掉，可以减少病害发生。

施　肥　百合生长主要依靠基肥，故种植前应在土壤中施足缓效的有机肥料作基肥。由于它有上下两层根系，不宜将基肥施在球茎底层，最好与土壤充分混合搅拌，这样有利于根系吸收。萌芽出土到现蕾期间，追施2～3次稀薄液肥，但着蕾到开花经历的时间较长，绝对不可因盼花心切而追施过多的速效化肥。

病虫害　主要有软腐病和刺脚根螨。挖掘鳞茎时尽量避免碰伤鳞茎。贮藏前要充分阴干。贮藏场所要干燥、阴凉，且适当通风。对受害的球根，贮藏前用40%三氯杀螨醇1000倍液浸泡2～3分钟。

要 诀 Point

❶ 宜深植（15～20厘米），并施足基肥。

❷ 环境温度低于5℃或高于25℃均会阻碍正常的生长发育，甚至产生盲花现象。

❸ 生长不耐干旱，否则长势弱，但也不耐积水，否则会产生黄叶。

❹ 不宜每年翻栽，一般隔3年分栽一次。

解 惑 Point

怎样让百合一年开两次花?

❶ 适时种植：百合种植的时间以日平均温度在25℃左右的月份为好。

❷ 及时切花：第一次开花应及时切除，但要保留10厘米左右的茎干，不能过短，以免影响球根的复壮。

❸ 加强花后管理：百合生长需要较多的氮肥和钾肥，以充分腐熟的有机肥为佳，花后要及时追肥2次，促使球根复壮。

❹ 低温处理：复壮的球根要经过低温处理后才能开花。放在3～5℃的冰箱中处理7周后再上盆种植，促其二次开花。

栽培日历

季节	月份	种植	开花	中耕	施肥
春	3				
	4				
	5				
夏	6				
	7				
	8				
秋	9				
	10				
	11				
冬	12				
	1				
	2				

Sinningia speciosa

7. 大岩桐

- 别名　六雪尼、落雪泥。
- 科属　苦苣苔科，大岩桐属。
- 产地　南美巴西。

形　态　多年生草本植物，具扁球形块茎，花期6—9月。

习　性　喜温暖湿润及半阴环境，忌阳光直射，适宜生长温度为18～28℃。春季萌芽生长，夏秋开花，冬季落叶休眠。

种　养 Point

大岩桐为半阴性花卉，生长期要适当遮阴，光照太强或太弱都会令其生长缓慢，缩短花期。家庭养护时，若置于室内靠窗的光亮处，即可满足所需的光度。

每年4月取出越冬贮藏的块茎，重新上盆定植。盆土既要排水良好，又要保水保肥，可以用腐叶土、河沙、园土混合配制，并加入腐熟的豆饼碴作基肥。生长期每10天追施一次速效液肥。

生长期浇水要均匀，过湿易烂根、烂叶，过干叶片会发黄。花期浇水要充分，秋季逐渐减少，直至停水，促其自然休眠。

秋末入冬之际，落叶休眠后掘出块茎埋入微湿润的河沙中贮藏，或留盆存放，保持环境温度在5℃以上即可安全越冬。

要　诀 Point

❶ 蕾期温度不宜过高，否则花梗细弱。

❷ 增加空气湿度能防止叶片卷曲和落蕾。

❸ 不宜直接给叶面喷水，以免产生渍斑。

❹ 花后及时摘除残花，有利于促进继续开花和球茎的生长。

解惑 Point

给大岩桐浇水、浇肥注意什么?

合理供水肥至关重要。给大岩桐浇水要注意均匀，不可过干或过湿，水温也不能忽冷忽热，忌向花、叶上喷水。为防止浇水时水珠溅到叶片上，最好采取浸水法浇水。用自来水浇花最好存放一天后用。

大岩桐施肥以薄肥勤施为主，花芽分化期以磷肥为主。施肥时切忌将肥液沾污叶面和花蕾，以免造成黄斑和腐烂。

栽培日历

季节	月份	播种	分球	叶插	定植	开花	施肥
	3						
春	4						
	5						
	6						
夏	7						
	8						
	9						
秋	10						
	11						
	12						
冬	1						
	2						

大岩桐生长期间特别是高温季节对硼的需求量很大。该植物缺硼时会造成叶片畸形，叶缘如同被虫子咬过一般。但是，如果叶片上同时出现孔洞，则可能是蓟马等害虫危害而非缺硼造成的。在栽植过程中，可根据叶片的具体情况进行判断处理。

Catharanthus roseus

8. 长春花

- 别名　金盏草、四时春、山矾花、日日草、日日春。
- 科属　夹竹桃科，长春花属。
- 产地　南亚、非洲东部及热带美洲。

形　态　宿根性多年生草本植物，但在温带地区多作一年生草本花卉栽培。高达60厘米，全株无毛或仅有微毛。叶倒卵状长圆形，长3～4厘米，宽1.5～2.5厘米，先端浑圆，有短尖头，基部广楔形至楔形，渐狭而成叶柄。聚伞花序腋生或顶生，有花2～3朵；花萼5深裂，内面无腺体或腺体不明显。花冠红色，高脚碟状，花冠筒圆筒状，长约2.6厘米，内面具疏柔毛，喉部紧缩，具刚毛。花期、果期几乎全年。

习　性　长春花性喜温暖湿润，日照充足的环境，比较耐高温、干旱，不耐冷冻，怕雨涝。对土壤要求不严，但不适宜盐碱地，在含腐殖质的沙壤土中生长最好。

繁　殖　长春花可以播种繁殖，也可扦插。一年四季均可播种，但由于种子发芽的适宜温度在20℃以上，因此以春播最为普遍。当苗高4～5厘米时，可移栽一次；待苗长出5～6片真叶时，可定植。由于长春花是直根系植物，不耐移植，因此，采用直播定植或营养袋育苗比较合适。直播植株的长势明显比移植苗的长势快而健壮。

在生长季节，可取在温室越冬母株新发的嫩枝扦插，或结合摘心进行扦插繁殖。由于扦插苗长势不健壮，开花稀疏，因此在实践中很少采用。扦插苗易生根，将嫩枝直接插于不含肥料的河沙中，保持湿润，2周后可生根。

种养 Point

长春花露地定植的株距为20厘米。移苗时，要带土团。定植后，要注意浇水施肥，水分不可太多，太湿对植株生长发育不利。苗高7～8厘米时，要进行摘心，以促使分枝并控制株形高度。但摘心不得超过2次，否则会影响开花。在生长期每月施肥1次，进入果熟期不必施肥。开花后，要及时剪去残花，可延续花期至霜降。

要诀 Point

❶ 由于长春花是直根系植物，不耐移植，因此以直播或营养袋育苗为宜。

❷ 不耐水渍，切勿栽培于低洼积水之地。

栽培日历

季节	月份	播种	扦插	定植	施肥	修剪	病虫害	观赏
春	3	✓	✓			✓		✓
	4	✓	✓					✓
	5			✓		✓	✓	✓
夏	6		✓		✓	✓	✓	✓
	7		✓		✓	✓	✓	✓
	8				✓	✓	✓	✓
秋	9				✓			✓
	10							✓
	11							✓
冬	12							✓
	1							✓
	2							✓

长春花喜水又耐干旱，浇水要求“间干间湿”，干湿交替，不干不浇，浇即浇透。

Aquilegia viridiflora

9. 耧斗菜

- 别名　西洋耧斗菜、耧斗花、猫爪花。
- 科属　毛茛科，耧斗菜属。
- 产地　欧洲、西伯利亚。

形　态　耧斗菜属多年生草本植物，花期5—7月。茎高达50厘米，被柔毛或腺毛。基生叶具长柄，二回三出复叶；小叶楔状倒卵形，3裂，疏生圆齿，上面无毛，下面被短柔毛或近无毛；茎生叶较小。花序具3～7花；花梗长2～7厘米；萼片黄绿色，窄卵形，长1.2～1.5厘米；花瓣黄绿色，瓣片宽长圆形，与萼片近等长，直或稍弯。

习　性　耧斗菜耐寒性强，在我国北方也可覆盖后在露地越冬，南方可自然越冬。喜冷凉、湿润和半阴环境，怕高温及阳光直射，宜较高的空气湿度，在树荫下生长及开花良好。要求肥沃、湿润和排水良好的沙壤土。

繁　殖　耧斗菜的繁殖方式以播种和分株为主。春、秋季于落叶后和萌发前均可挖掘地下宿根以进行分株繁殖，多选用栽培3年以上的植株，结合复壮进行。每株易带3～5枚新芽，春天发芽后很快会生产成丛。播种可在3—4月进行，播种后30～40天出苗，但当年不开花。播种也可在秋季进行。

种　养 Point

盆栽耧斗菜要用稍大一点的盆，栽培用土宜用加入肥料的腐叶土，生长期每月施肥一次。干旱时应及时灌水，同时应保持较高的空气湿度。实生苗一般第二年开花，花前增施磷钾肥一次，果实易开裂，应及时采种。若不留种，及时剪去残花仍可作观叶栽培。3～4年后发现植株长势衰弱时，应结合分株，使其复壮。

要诀 Point

❶ 夏季可在植株周围铺稻草以保凉爽。

❷ 花后剪除花茎，以促进枝叶生长。

栽培日历

季节	月份	播种	分株	定植	开花	结果	浇水	施肥	病虫害	观赏
春	3	✓	✓	✓			✓		✓	
	4	✓		✓			✓	✓	✓	
	5				✓		✓	✓	✓	✓
夏	6				✓	✓	✓	✓	✓	✓
	7				✓	✓	✓	✓	✓	✓
	8					✓	✓	✓	✓	✓
秋	9	✓	✓							
	10	✓	✓							
	11									
冬	12									
	1									
	2		✓							

楼斗菜夏季须适当遮阴，或种植在半遮阴处，加强修剪，以利通风透光。

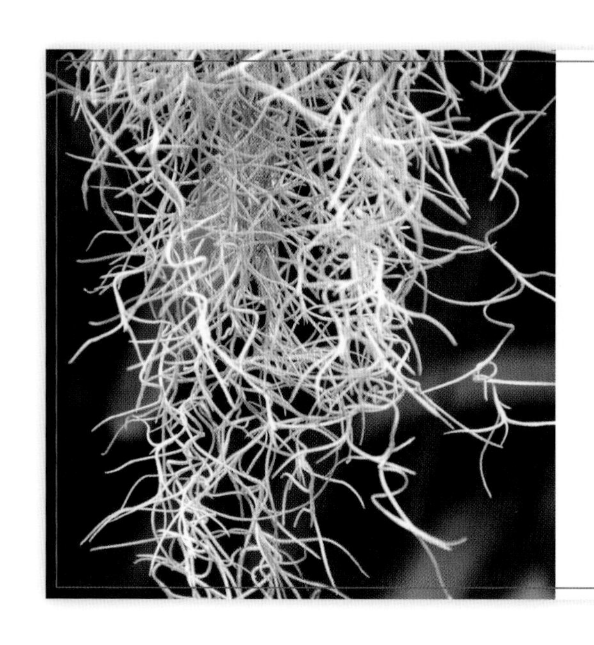

Tillandsia usuneoides

10. 松萝凤梨

- 学名　老人须。
- 别名　松萝铁兰、气生凤梨、空气凤梨。
- 科属　凤梨科，铁兰属。
- 产地　原产于中、南美洲。

形　态　多年生草本植物，植株垂吊生长，形如少女长发般飘洒，这也构成了它的最大观赏特色。茎纤细，叶互生，呈半圆形，叶表被银灰色鳞片。花黄绿色、有芳香，花萼紫色。结蒴果，成熟后裂开，散发带羽状冠毛的种子，随风传播。

习　性　松萝凤梨是一种无须任何土壤等培养基质，也不必种植在水中的气生类植物。它通过叶表的银灰色鳞片吸收空气中的水分与养分，因此仅喷水就可以使其成长，不需特别照顾，不过生长较慢。性喜阳光充足、通风良好、高湿润的环境，而且该种比其他空气凤梨耐寒力强。该植物通常一株只开一朵花；少数情况下一株有2朵。每一株不一定每年都会开花。每朵花大约开4天。

繁　殖　播种繁殖很难成功，一般用以下两种方法。一种是在完整植株中切除一小段茎节，放置于空气流通、阳光充足之处即可生长，精心养护，待其长成繁茂的植株。另一种是在养料充足的条件下，松萝凤梨不需开花就会自己长出小植株，分离后置于适宜环境中生长。但要注意在养料不充足时，花后会发现其根部生出一些小植株，这些小植株不适于繁殖，强行掰下可能会造成夭折和营养不良的后果。

种养 Point

温　度　生长适温为20～30℃，冬季5℃以上即可过冬。春夏季节，若处于高温多湿的地区，可直接放置于露天，让其自然生长，接受外界环境的日晒雨淋；华南以北地区，除夏季外，为避免使松萝凤梨受到低温冻伤，应将其置于室内养护。

水　分　在植物生长期，每周喷水2次，还可喷洒少量低浓度的营养液。此外，每周最好将其置于清水中浸泡一次，每次10～20分钟即可。若在水质较硬的北方地区种养此植物，最好向植株喷洒一些pH值较低的水源，如蒸馏水、纯净水。

施　肥　该植物因自身的特殊构造，对肥料要求并不高。但要使其在家庭养殖环境下能够正常开花，则建议在春末夏初开花期间适当增加磷肥用量。

要诀 Point

该植物的承载物不能为铝制和铜制，长期接触会致死。松萝凤梨不耐空气污染，长期置于重度污染的环境中会死亡。若要使其保持旺盛生长的态势，注意保持和营造高湿环境。

栽培日历

季节	月份	繁殖	泡水	施肥	观赏
春	3	分离小植株或切茎节繁殖	每周喷淋植株2次，清水浸泡1次		全株观赏
	4			增施磷肥	
	5				观花闻香
夏	6			每15天浸入稀释肥水	
	7				全株观赏
	8				
秋	9		因温度较低，尽量保持植株适度干燥	喷淋水溶肥	
	10				
	11				
冬	12			无须施肥	
	1				
	2				

Rosmarinus officinalis

11. 迷迭香

- 别名　海洋之露、艾菊。
- 科属　唇形科，迷迭香属。
- 产地　欧洲及北非地中海地区。

形　态　多年生灌木。树高达2米。叶片生长浓密，针形。花萼长约4毫米，花冠蓝紫色。花期春夏。

习　性　喜阳光充足和温暖干燥的环境，既耐旱，又耐寒，怕积水。适宜在排水良好，含有石灰质的沙壤土中生长。生长适温20～30℃，大部分品种冬季可耐-5℃的低温。

繁　殖　以扦插繁殖为主，少有播种繁殖。扦插可选取较健康的枝条，从顶端算起10～15厘米处剪下，去除枝条下方约1/3的叶子，直接插在介质中，介质保持湿润，约20天即可生根。播种繁殖的发芽适温为15～20℃，将种子直接播在介质上，不需覆盖，2～3周后发芽。

种　养 Point

春季管理　每年春季换盆一次，盆土可为沙和土的混合物，掺入骨粉等石灰质材料。

夏季管理　需适当遮阴。要适当控制水分，切勿让土壤积水。

秋季管理　秋季生长期每月施一次腐熟的稀薄液肥。

冬季管理　盆栽越冬时，可将盆花放到背风处，或者将盆埋入地中。

病虫害　在潮湿的环境里，根腐病、灰霉病等是迷迭香常见病害。如果栽培基质还是潮湿的时候，迷迭香植株出现萎蔫，需要把植株立即移出温室。最常见的虫害是红叶螨和白粉虱，最为理想的方法是使用生物防治。应重在预防，可以从卫生状况、合适的水分管理、合理的温度和光照上着手，并且需经常观察、及时淘汰病弱株。

要诀 Point

❶ 迷迭香的叶腋都有小芽，若发育成枝条，会使得株形杂乱，影响通风采光，从而滋生病虫害，因此要定期修剪。

❷ 从小苗长到十几厘米，需进行3～4次摘心，以控制株高，促进多发侧枝，使株形饱满优美。

栽培日历

季节	月份	播种	定植	扦插	施肥	收获
春	3	✓				
	4	✓				
	5		✓		✓	✓
夏	6				✓	✓
	7					✓
	8					✓
秋	9	✓			✓	
	10			✓	✓	
	11			✓		
冬	12					
	1					
	2					

在迷迭香采收后需追施氮肥。每年春季还需将枝头剪去，使整体植株生长繁茂。

Jasminum sambac

12. 茉莉花

- 科属　木樨科，素馨属。
- 产地　我国西部和印度、伊朗。

形　态　多年生常绿攀缘灌木。花期5—8月。白花小巧玲珑，尤其芳香。

习　性　喜阳光充足，畏寒，怕霜冻，适宜温度为25～35℃，适宜微酸性沙壤土，不耐湿涝和碱土，嗜肥。盆栽茉莉花应置于光照充足、空气流通而又可避免西北风吹袭的地方。

繁　殖　通常用扦插、压条法进行繁殖。

种　养 Point

春季管理　茉莉花出温室后，应施一次饼肥。出室约1周左右，要进行摘叶，每枝上留两三片叶，其余的摘除。在摘叶后未发新叶之前，要控制浇水量，以免烂根。盆栽茉莉花每年应进行一次翻盆，翻盆工作季节性较强，一般于春发前结合整枝、摘叶进行。翻盆要对植株进行修剪，使树冠匀称，有利通风透光，减少枯梢现象。注意每日浇水，保持湿润，切不可过多浇灌。

夏季管理　茉莉花在5月上中旬，随着新枝的抽生，会出现第一次花蕾，这次花蕾数量不多，每序仅1～2朵，花少而质量差，将这次花蕾摘除，有利日后开花。7—8月盛暑季节，也是茉莉花的盛花期，此时肥水需充足，可早晨浇一次水，傍晚浇一次淡粪水。夏季高温、高湿、强阳光时所开出的花朵香气最浓。茉莉花怕水涝，盆栽茉莉花在夏季雨大时应及时倒出盆内积水。5月至8月底勤施稀薄的液肥，约每半月施一次，最好在傍晚。

秋季管理 9月以后，气温下降，茉莉花生长减弱，只需每天早晨浇一次水。秋凉后停止用肥。10月移于温室管理，注意通风，防治病虫害的发生。

冬季管理 冬季再施一次饼肥，放在阳光充足之处，白天温度达10～15℃时开窗通风，夜晚室温维持5～8℃为宜。冬季还要注意节制浇水，盆土如不太干就不要浇水，以保持盆土稍湿润为宜，浇水过量往往引起烂根。

病虫害 虫害主要有红蜘蛛和卷叶蛾，危害枝梢嫩叶，要及时防治。

要诀 Point

❶ 枝叶过密及时分株。

❷ 出现衰老时应齐地重剪，使之更新。

解惑 Point

要想让茉莉花连续开花应怎样养护?

要想茉莉花连续开花，修剪工作相当重要。花谢后应立即短截花枝，每枝留下3～4节，促使腋芽萌发而形成新的花枝。每年清明节过后结合翻盆换土进行一次强修剪，才能在新的一年里不断开花。

栽培日历

季节	月份	扦插	压条	更新	修剪	疏叶	开花	定植	施肥
春	3								
	4								
	5								
夏	6								
	7								
	8								
秋	9								
	10								
	11								
冬	12								
	1								
	2								

Aglaia odorata

13. 米　兰

- 学名　米仔兰。
- 别名　暹罗花、山胡椒、树兰。
- 科属　楝科，米仔兰属。
- 产地　原产我国南部各省，以及东南亚地区。

形　态　常绿灌木或小乔木，花期夏、秋最盛。

习　性　喜充足阳光，特别在生长期和盛花期，每天至少要有4小时以上的日照。又喜温暖气候，适温为30℃左右，20℃时生长缓慢，育蕾受到抑制；5℃植株进入休眠期；0℃时会受到冻害，甚至死亡。

繁　殖　采用扦插、高空压条法。

种　养 Point

春季管理　上盆时南方多用晒干打碎后的塘泥，北方需用酸性培养土，盆底要多垫一些瓦片以利于排水。上盆后先放在荫棚下养护，每天向叶面喷1～2次水，待新梢发生后再移到见光处养护。一般浇水要见干见湿，气温高浇大水，气温低浇小水。春季出室一周后，先施稀薄氮肥一次，然后隔半月再施一次，以促进枝叶生长；5月起进入生长期，可施用以磷肥为主的液肥，促其孕育花蕾；6月起进入生长旺盛期和盛花期，可加大磷肥施用量，保证充足的水分和光照条件，并适时修剪、防治病虫。

夏季管理　气温在25～32℃时，米兰生长旺盛，能够不断开花，而且花色鲜黄，香气浓烈。若放置在阳光不足的荫蔽处，则枝条弱，孕蕾受影响，花朵稀少。夏季要放在向阳处，施足肥水，适当修剪整形，出花蕾后继续多施磷肥。花后要进行修剪，剪去徒长枝、重叠枝、细弱病虫枝等。空气干燥、通风不良，最易引起米兰叶子变黄脱落和落花落蕾。

秋季管理　立秋前后要喷施稀薄的饼肥水，10月应停止施肥，减少浇水次数。秋季适当推迟入室，有利于进行抗寒锻炼，增强植株自身御寒能力，提高冷室越冬的安全性。

冬季管理　冬季入室。见直射光，室内要注意通风，室温一般保持在10～12℃为宜。如冬季室温过高，在阳光不足、通风不良的环境下，会生长出许多嫩梢；开春后移出室外，嫩梢极易干枯，使其失去着花部位。另外，室温过低，叶片冻落，也将影响来年开花。应多晒太阳、少浇水并停止追肥，还要防治介壳虫。4月下旬到5月上旬再移到室外，放在背风处养护。

病虫害　常见病虫害为炭疽病、介壳虫等。炭疽病用托布津、多菌灵等防治；介壳虫用乐果、三硫磷等防治。

解惑 Point

米兰冬季落叶如何挽救?

可将植株从盆内磕出，剥掉土坨外围1/3的土壤，剔除烂根、枯根，并剪去1/2枝条，重新上盆浇透水，放室温12℃以上的向阳处，罩上塑料袋保湿，经过一段时间养护就会长出新枝条。

栽培日历

季节	月份	扦插	开花	修剪	施肥
春	3				
	4	●		●	
	5	●		●	●
夏	6	●	●	●	●
	7	●	●	●	●
	8	●	●	●	●
秋	9		●		●
	10	●	●		
	11	●		●	
冬	12				
	1				
	2				

Lavandula angustifolia

14. 薰衣草

- 别名　香水植物、灵香草、香草。
- 科属　唇形科，薰衣草属。
- 产地　地中海沿岸、欧洲各地及大洋洲列岛。

形　态　多年生小灌木。花枝叶疏生，叶枝叶簇生，叶呈线形或披针状线形。穗状花序，蓝色，具芳香，花期6月。

习　性　适应于充足的阳光及适湿的环境，但应避免强光的暴晒。耐寒、耐旱，喜干忌湿，大水容易沤根。对土壤要求不严，耐瘠薄，喜中性偏碱土壤。最佳生长和开花温度为15～30℃。

繁　殖　一般采用扦插、播种或分株繁殖。扦插繁殖和分株繁殖春、秋季均可进行，扦插繁殖多在秋季15～25℃时进行，分株繁殖多在春季3—4月进行。发芽适温18～24℃，故播种繁殖一般在3—6月进行。

种　养 Point

育出的小苗长出4～6片真叶后，就可以上盆了。移植后浇透水并遮阴几天。春季生长迅速，可按月追施氮磷钾复合肥，配制溶液浇灌，浓度1%即可。薰衣草无法忍受炎热和潮湿，夏季要进行遮阴，同时要保持通风，适度降温。为了得到更好的株形，需要控制高度以防止徒长，应在夏末秋初适当修剪，促发新枝。冬季要给予薰衣草全日照，并注意补充水分。

要　诀 Point

❶ 薰衣草忌湿涝，持续潮湿的环境会烂根，甚至突然全株死亡，栽培薰衣草失

败的原因常常就在这里。

❷ 薰衣草为全日照植物，酷暑时节避免烈日直射，其他时间尽量在全日照下栽培。

❸ 开完花后须进行修剪，可在花下第一个节处剪去，修建后株形会较结实，并有利于生长。

栽培日历

季节	月份	播种	扦插	分株	定植	施肥	开花	修剪	观赏
春	3								
	4								
	5								
夏	6								
	7								
	8								
秋	9								
	10								
	11								
冬	12								
	1								
	2								

薰衣草浇水是有讲究的，其一是浇水时间，宜在早上进行，避开阳光。此外，在植株定植至成活，及在植株生长过程中的现蕾、抽穗至初花期应及时浇水，不能受旱。其二是浇水量，该植物根部不喜有水滞留。浇透水后，应待土壤再次干透后给水，使土壤表面干燥，内部湿润。水尽量不要溅在叶片和花上，否则易引起腐烂，滋生病虫害。薰衣草的修剪也有讲究，注意不要剪到木质化的部分，以免植株衰弱死亡。

Lonicera japonica

15. 金银花

- 学名　忍冬。
- 别名　二色花藤、鸳鸯藤、左旋藤。
- 科属　忍冬科，忍冬属。
- 产地　中国，广泛分布于南北各省区。

形　态　常绿或半常绿缠绕藤本。花期4—6月（生长条件适宜则秋季亦常开花），果熟期10—11月。

习　性　喜温暖湿润，喜光，耐阴，耐寒，旱涝不忌，攀附力很强，亦能匍匐而生，如枝蔓自相缠绕，长粗后能成直立灌木。在−17℃低温下不会发生冻害。对土壤要求不严，盐碱、酸性土壤都能适应。它的根系发达繁密，在干旱条件下也能生长。萌蘖力强，茎蔓着地即能生根。

繁　殖　播种、扦插、分株、压条均可，以扦插和播种为主。

播种繁殖：多用于大量繁殖时。10月间种子成熟，洗去果肉，捞出种子，阴干后沙藏，翌春播种。播前用25℃温水浸种24小时，混入湿沙中温室催芽，等部分种子露白，即可播于苗床，出苗后适当间苗。移植宜在春季进行，选择二、三年生小苗裸根掘起后即可定植。

扦插繁殖：宜在生长季节进行，但夏季高温多雨，扦插易腐烂。插条选一、二年生健壮枝条，剪成20～25厘米长，扦插用疏松的沙壤土，pH值5.5～7.8最为适宜。扦插之后半月内不可日晒，应每天喷水，保持床上湿润，约2周即可生根。翌年移栽。当年即开花。

压条和分株繁殖：萌蘖力强，茎蔓着地即能生根。多在春、秋两季，随挖随栽。

种养Point

春季管理 栽植三四年后，于早春宜进行一次轻剪，将杂乱、交叉的枝条剪除，并疏剪密枝与老枝，不然过于拥挤，易生蚜虫、介壳虫等虫害；同时可以促进通风、透光，有利开花，使营养集中，促使生长健壮。金银花管理粗放，生长季节若加强中耕锄草及施肥工作，可增加开花量。施肥时，家庭用的淘米水、剩面汤，以及洗刷鱼、肉的脏水，应充分发酵后再浇灌。

夏季管理 夏季干旱时节要及时浇水，勿使其受旱落花。春、夏、秋三季都可进行繁殖，而以雨季扦插最好。夏季高温干旱时叶面常发生煤污病，可用硫菌灵或多菌灵喷洒防治。

秋季管理 10月果实成熟，采回放入布袋中捣烂，用水洗去果肉，捞出种子阴干层积贮藏，留待翌春播种。

要诀Point

施肥原则：大寒施“促芽肥”，立春施“催根肥”，雨水施“长叶肥”，春分施“花芽肥”，花后施“复壮肥”。后两种施肥以钾肥为主。

栽培日历

季节	月份	播种	分株	压条	扦插	栽植	修剪	中耕	开花	果熟	施肥	收获	病虫害
春	3		✓	✓	✓	✓	✓				✓		
	4		✓	✓	✓	✓			✓				
	5		✓	✓	✓		✓		✓			✓	✓
夏	6								✓				✓
	7				✓			✓	✓		✓		✓
	8				✓	✓	✓	✓	✓				✓
秋	9		✓	✓	✓		✓	✓	✓				
	10	✓	✓	✓	✓			✓	✓	✓			
	11		✓	✓						✓			
冬	12										✓		
	1												
	2						✓						

Muehlenbeckia complexa

16. 千叶兰

- 别名　千叶草、千叶吊兰、铁线兰。
- 科属　蓼科，千叶兰属。
- 产地　新西兰。

形　态　多年生常绿藤本植物。植株成丛生悬垂或匍匐状，茎细长、红褐色，小叶互生，为心形或圆形，花小、黄绿色。常作垂吊或壁挂观叶盆栽。

习　性　喜温暖湿润，但忌积水，可耐半阴。耐寒性较强，最低可耐0℃左右的低温，但不耐霜降。夏季需适当遮阴。

繁　殖　以扦插为主，可分株。扦插适宜在生长季节进行，插条取2～3节，去掉下部叶片，留1～2片叶，扦插在透水性好的介质中，多掺杂些河沙或珍珠岩，以利排水。置于阴凉处，注意喷水保湿。扦插可结合修剪进行。

种　养 Point

千叶兰盆栽常用培养土为腐叶土或泥炭土、园土和河沙等量混合的基质；每2～3年换盆一次，并且重新调制培养土。虽然千叶兰抗旱力较强，但是3—9月生长旺期需水量较大，应经常浇水及喷雾，以增加湿度；秋后逐渐减少浇水量，以提高植株抗寒能力。千叶兰不易发生病虫害，但若盆土积水且通风不良，除易导致烂根外，也可能会发生根腐病，应注意喷药防治。

夏季注意通风、遮阳，防烈日暴晒。冬季则避免霜和雪直接落于植株上，减少浇水可以增强耐寒能力，积水则容易导致烂根。

生长季节水肥需求增大，应避免土壤过于干燥，否则叶片易干枯掉落。可适当施加薄肥，如液态肥和观叶植物专用肥。千叶兰生长较快，需及时修剪，尤其在光照条件不好、营养缺乏时，容易徒长、分枝少，影响美观。剪去过长、过密的枝条，以及老枝，可促进分枝，使株形紧凑饱满，整体成球形。

栽培日历

季节	月份	扦插	换盆	浇水	施肥	修剪
春	3	✓	✓	✓	✓	✓
	4	✓	✓	✓	✓	✓
	5	✓		✓	✓	✓
夏	6			✓		
	7			✓		
	8			✓		
秋	9	✓		✓	✓	✓
	10	✓			✓	✓
	11	✓			✓	✓
冬	12					
	1					
	2					

Sedum sarmentosum

17. 垂盆草

• 别名　狗牙瓣、石头菜、佛甲草、葵景天等。

• 科属　景天科，景天属。

• 产地　中国、朝鲜、日本。

形　态　多年生肉质草本植物，纤细的茎匍匐生长，叶子三片轮生，夏季开黄色小花。

习　性　生长在山坡岩石石隙、水边湿润处，适宜温暖湿润、半阴的环境，较耐旱、耐寒，忌强光照。

繁　殖　垂盆草可种子繁殖，也可采用分株繁殖、扦插繁殖或压条繁殖。多采用分株繁殖和扦插繁殖。垂盆草的分株宜在早春进行，扦插可在春、秋两季进行。分株或扦插后的垂盆草需置于凉棚下，缓苗3～5天，再移到向阳处。

种养 Point

栽种垂盆草可选择田园土、中性土、沙壤土。因垂盆草茎干落地即能生根，所以垂盆草栽植时，土壤须适量施入有机肥促其生长，粉碎的棉籽饼、麻酱渣或鸡粪干等都可以。覆土后栽苗，要选择地势稍高、不易积水的区域。垂盆草适宜生长温度一般为15～28℃，忌选择强光照射的环境，否则垂盆草会出现叶片发黄的现象。冬季将垂盆草放置在背风向阳的环境便可以安全越冬。

垂盆草对环境要求不高，房前屋后均可种植，也可盆栽。垂盆草生长速度快，需水量比较大，选择遮阴环境栽种，能很好地生长，每半月施一次复合肥，施肥后要立即浇灌清水，以防止茎叶、根系被肥料烧伤。

要诀 Point

垂盆草虽具有耐寒、耐旱、耐贫瘠、耐盐碱、耐水湿的能力，但需注意长期的贫瘠土壤环境不利于垂盆草生长，会使其出现生长衰弱的现象。种植垂盆草，建议选择肥沃土壤及半阴环境为宜。

解惑 Point

垂盆草病害如何防治?

当通风不良、光照不足或植物生长空间过于拥挤、湿度过大时容易发生灰霉病、炭疽病、白粉病。常常发生叶片、嫩枝和花出现暗绿色、褐色、紫褐色病斑的现象。这时可以选用50%多菌灵可湿性粉剂800倍液、80%代森锌500倍液、75%百菌清500倍液交替喷洒。

栽培日历

季节	月份	播种	扦插	分株	开花	结果	换盆	浇水	施肥	病虫害	观赏
春	3	✓	✓	✓			✓			✓	✓
	4		✓	✓			✓			✓	✓
	5				✓			✓	✓	✓	✓
夏	6				✓			✓	✓	✓	✓
	7				✓			✓	✓	✓	✓
	8					✓		✓	✓	✓	✓
秋	9		✓			✓		✓	✓	✓	✓
	10										✓
	11										✓
冬	12										✓
	1										✓
	2	✓									✓

Hedera nepalensis var. *sinensis*

18. 常春藤

- 科属　五加科，常春藤属。
- 产地　原产欧洲、亚洲和北非。我国陕西、甘肃，以及黄河流域以南至华南和西南都有分布。

形　态　多年生常绿木质藤木。匍匐攀缘茎，具气生根，幼嫩枝被锈色鳞片状柔毛。叶片互生、革质，叶柄较长，叶片变异大，营养枝叶片三角形、卵形或戟形，3～5浅裂或全缘，基部心形。生殖枝叶片椭圆状卵形，全缘。两性花，绿色，伞房花序，小花球形。浆果球形，具核。花期5—8月，果期9—11月。

习　性　喜温暖、湿润气候，喜光照，较耐阴。不耐热，不耐寒。耐贫瘠。

繁　殖　主要用扦插繁殖。夏季高温和冬季寒冷时不利于扦插，其余时间均可进行扦插。扦插时保持盆土湿润，注意遮阴和保持较高的空气湿度。一般半月后即可生根，待其生长一个月后即可移栽定植。

种养Point

基　质　喜疏松、肥沃的沙壤土，忌盐碱性土壤。采用园土和腐叶土等量混合或腐叶土、泥炭土、细沙和基肥配制而成，水苔栽培也可。

水　分　生长季节保持盆土湿润，但不能过于潮湿，否则会引起烂根落叶。浇水见干见湿，干湿相间。夏季高温时为了保持周围空气湿度，需向叶面和地面喷水。冬季控制浇水，北方冬季干燥，可每周用室温清水喷湿1次。

温度和光照　生长适宜温度为20～25℃。室内盆栽时，夏季注意通风降温；冬季室内温度最好保持在10℃以上，最低不能低于5℃，否则表现冷害或冻害。喜光耐阴，忌阳光直射，否则易致日灼。

秋季至翌春光照不足，为了使植株健壮，叶色鲜亮，应放置在光线充足的地方。

施　肥　生长期每2～3周施1次稀薄饼肥水或复合肥水。一般夏季和冬季不要施肥。切忌偏施氮肥，否则花叶品种叶片会退化为绿色。生长旺季可向叶片喷施1～2次磷钾肥水，注意不要让肥液滞留叶片，造成肥害。

病虫害　病虫害防治要以防为主，以治为辅，治要及时，保持环境的通风可以减少病虫的为害。春季注意防治蚜虫。高温干燥、通风不良时，注意防治红蜘蛛、螨虫和介壳虫。高温多湿季节，注意防治灰霉病和介壳虫危害。

修　剪　全年均可修剪，剪去死亡、受损或影响美观的分枝。

栽培日历

季节	月份	扦插	开花	结果	施肥	修剪	病虫害	观赏
春	3							
	4							
	5							
夏	6							
	7							
	8							
秋	9							
	10							
	11							
冬	12							
	1							
	2							

Epiphyllum oxypetalum

19. 昙　花

• 别名　月下美人、琼花。
• 科属　仙人掌科，昙花属。
• 产地　原产墨西哥至巴西的热带森林。

形　态　多年生附生性灌木状多浆植物。花期6—9月。

习　性　喜好温暖、湿润，不耐寒，忌强光，耐旱而怕涝，好生于半阴的环境。喜疏松而富含腐殖质的微酸性沙壤土。最适温度13～20℃。

繁　殖　昙花一般用扦插繁殖。

种养Point

春季管理　种植盆土用腐叶土、粗沙、草木灰等配制，并适当加腐熟饼肥或骨粉作基肥，盆底最好多垫些瓦片或石砾。盆栽宜放在半阴处，避免强光直射，否则植株会萎缩发黄。过阴或过湿会引起植株徒长，以致花少或无花。生长期适当追肥，每月施饼肥水一次。可在盆土较干时浇淘米水，简便易行。

夏季管理　生长季节特别是花蕾出现后，应充足浇水，但盆土不要过湿，夏季可在早晚喷水。现蕾后增施磷肥1～2次，花后不应多浇水。开花期间置于阴凉通风处可适当延长开花时间。但也要注意，放置地点不能过于荫蔽，不然易引起徒长，导致开花少，甚至不开花。常发生腐烂病、炭疽病，可用10%抗菌剂401（醋酸溶液）1000倍液喷洒。虫害有介壳虫，用50%马拉硫磷乳油1000倍液喷杀。

秋季管理　花谢后应随即施肥1～2次，只施磷钾肥，不施氮肥，以利日后开花。北方地区一般10月上旬搬入室内，不能过于荫蔽，否则易造成茎节徒长，影响来年开花。控制浇水，保持盆土不过分干燥即可。

冬季管理 冬季室内越冬，温度保持在10℃以上为宜。休眠期控制浇水，使盆土稍偏干燥，一般4～5天浇一次水，以利于增强耐寒性。冬季适当多见阳光。

解惑 Point

要想让昙花在白天开放应如何处理?

昙花在夏季的夜间开花：大约在夜里10点前后开放，只开2个多小时，故有“昙花一现”之说，如果要想让昙花在白天开放，需进行光暗颠倒处理。当花蕾加上花梗的总长度长到10厘米时，每天日出前把它移入暗室，或用双层黑布罩子把全株罩上，放在通风良好的地方，不要露光，日落后用两支40瓦日光灯照明。这样做不但能在白天开花，还能延长开花时间。

栽培日历

季节	月份	扦插	修剪	休眠	病虫害	开花	施肥
春	3						✓
	4						✓
	5	✓	✓				✓
夏	6	✓	✓		✓	✓	✓
	7				✓	✓	✓
	8				✓	✓	✓
秋	9					✓	✓
	10						✓
	11						✓
冬	12		✓	✓			
	1		✓	✓			
	2		✓	✓			

三年生以上昙花植株易倒伏，须绑扎或设立支柱。开花期间，为其提供充分的光照。秋末气温降低，应将昙花移入有光照的室内阳台以防冻伤。

Astrophytum myriostigma

20. 鸾凤玉

- 别名　凤凰玉。
- 科属　仙人掌科，星球属。
- 产地　墨西哥北部地区。

形　态　多年生肉质草本植物。花期夏季。球体有3～9条明显的棱，大多数为5棱，灰青色的球体上密被细小的白色星点。春季至夏季顶生漏斗状橙黄色花。植株初始圆球形，长大后变成圆柱状。

习　性　喜阳光充足、温暖干燥的环境，较耐寒，能耐短期霜冻，耐干旱和半阴。要求排水良好、富含石灰质的沙壤土，耐弱碱。

繁　殖　嫁接繁殖或种子繁殖。嫁接繁殖选择三棱箭、草球等习性强健的仙人掌科植物作砧木，以平接的方法把子球嫁接在砧木上。放在通风良好的半阴处养护，保持土壤湿润，10天左右伤口即可愈合。待嫁接的小球长大后，也可将其切下进行扦插。种子繁殖采用浅盆播种，播后覆土，采用浸水法吸水，盖上玻璃等透明遮挡物，放在光线明亮的半阴处，在25℃左右的条件下5～8天即可发芽。种子繁殖成球较慢，经3～4年才能开花。

种养Point

春季管理　气温稳定在15℃以上时换盆，可2年一次，宜4月初进行。盆土要选择富含腐殖质、疏松肥沃且含钙质的沙壤土。盆底可垫碎瓦片，以利于排水。植株脱盆后，要对根部进行修剪，剪去枯根、烂根，稍晾干后，进行栽培。栽后暂时不浇水，约15天后可少量浇水，1个月后待新根长出，逐步增加浇水量。对肥料要求不高，换盆时可加入一定基肥，在后面的生长季节不追肥，或者追施1～2次有机肥即可。同时保证光照充足。

夏季管理　夏季温度超过30℃时，要注意通风。病害主要有灰霉病、炭疽病，可用65%代森锌可湿性粉剂600倍液喷洒。虫害有红蜘蛛，可用炔螨特1000倍液喷杀。

秋季管理　秋季生长明显缓慢，要控水，增施磷钾肥。

冬季管理　冬季有休眠期，这时要保持盆土稍干燥，控制浇水，仅保持盆土有潮气即可。同时加强光照。

要诀 Point

❶ 钙质缺乏时，植株表皮容易起褐斑，可用鸡蛋壳粉、贝壳粉、骨粉或过磷酸钙补充土壤的钙质。

❷ 即使在夏天，植株也需要充足的阳光，只需适当遮阴，避开正午烈日即可。

栽培日历

季节	月份	播种	休眠	换盆	病虫害	开花	施肥
春	3						
	4						
	5						
夏	6						
	7						
	8						
秋	9						
	10						
	11						
冬	12						
	1						
	2						

Aloe lineata

21. 玉　扇

• 科属　百合科，十二卷属。
• 产地　原产于非洲南部。

形　态　植物肉质无茎，叶片肥厚直立向上，由中心向两侧一字形排列成扇形，最外边的叶片略向内弯；顶部略凹陷，呈截面状，好像用刀子切过一样，又称为截形十二卷；截面似玻璃状透明，俗称“窗”，光线从“窗”进入植物体内进行光合作用。玉扇的截面形式多样，除了常见的椭圆形外，还有“M”形、“U”形。花期5—6月，花小，白色，高脚杯状，总状花序高30厘米，从叶片中心的深沟中抽出。

习　性　喜温暖、充足柔和的阳光、湿润流通的空气，耐半阴，忌长期阴湿，怕严寒和高温。适宜温度14～25℃，不宜低于5℃和高于37℃，夏季过热时，可用风扇在远处制造微风。盆土以疏松肥沃、排水良好的沙壤土为宜。由于玉扇的根系较深，应选用较深的花盆种植。

繁　殖　玉扇的繁殖有分株、扦插、砍头、播种和组培等。组培主要用于规模化大生产，家庭种植很少使用。

种　养 Point

春季管理　春季为玉扇的生长季节，这时光线充足柔和，可给予充足光照。若光照不足，植物株形松散，叶片徒长，影响品相。浇水可4～5天浇一次，气候干燥时可3天浇一次。雨季或空气温度过高时，需减少浇水。

夏季管理　在玉扇休眠的夏季，应将植物放于通风遮阴、土壤半湿润处养护，浇水应选择在傍晚水湿低于气温时进行，2周一次，太干时向盆土及花盆喷雾，提高空气湿度。喷施后吹干玉扇窗面和叶间的积水，以免水分滞留引起腐烂。

秋季管理 每2～3年，当根系长满整个花盆时需换盆一次，促进根系变成储水根。换盆时选择比原来大一号的深盆，盆壁最好带孔或者选择透气的砂盆。换盆时将烂根或长势不好的根去掉。盆土可用腐叶土或草炭土配合其他颗粒性材料，并增加腐熟的鸡粪或豆饼作基肥以提高土壤肥力。

冬季管理 冬季如有暖气，可进行正常的养护。温度过低时，要给予充足的阳光。浇水时可在水中稍加热水，使水不冰后，于中午时分浇水。

要诀 Point

❶ 玉扇长期处于阴处或久雨初晴时，突然受到强光直射，极易被灼伤，需慢慢增加光照；同样，长期处于背光面的半面玉扇也要慢慢面向太阳，不宜突然转盆180度，否则也易受到伤害。

❷ 水的pH值调到5左右再进行浇水，把附着于根部和叶面的沉淀物冲洗掉。

栽培日历

季节	月份	扦插	分株	换盆	休眠	开花	施肥
春	3						
	4						
	5						
夏	6						
	7						
	8						
秋	9						
	10						
	11						
冬	12						
	1						
	2						

Gymnocalycium baldianum

22. 绯花玉

- 别名　瑞昌玉。
- 科属　仙人掌科，裸萼球属。
- 产地　阿根廷安第斯山脉东坡。

形　态　多年生肉质草本植物。植株呈扁球形，具棱7～11个。花粉红、深红或者白色，着生在球体顶端。花期夏季。

习　性　是多肉植物中的“夏型种”，具有温暖季节生长、寒冷季节休眠的特点。生性强健，喜温暖、干燥、阳光充足的环境，忌长期光照不足，但也可耐短时间半阴。耐干旱，忌积水，比较耐寒。对土质要求不高，但以疏松肥沃，具一定颗粒度的沙壤土为宜。

种　养 Point

春季管理　2年左右换土一次，春季进行。先将植株从盆中扣出，把根部的土抖干净，老根、烂根和半枯根统统剪掉，健康根仅留下3～4厘米长，在阴凉通风处晾5～6天后植于新的土壤中。可用园土、腐叶土或草炭土、炉渣、粗沙或蛭石2：2：1：1进行配制。此后要将植株放置在阳光充足的地方。如果植株处在幼苗期，20天左右施一次腐熟稀薄液肥或低氮高磷钾复合肥，促进生长。

夏季管理　绯花玉虽然喜光，但是在夏季时要遮阳，要不然球体会被阳光灼伤，但光照不足会徒长，因此也不能过于荫蔽。同时注意通风、排水，避免闷热潮湿。成年的植株，在花前施一两次以磷钾为主的肥料，促进开花。

秋季管理　要将植株放置在阳光充足的地方，每月可追施一次稀薄复合肥。

冬季管理　如温度不低于2℃，就能安全越冬，此时植株处在休眠期，要禁止浇水施肥，保持盆土干燥。有时温度过低，比如0℃以下，将植株用塑料罩起保温，也能安全越冬。

要诀 Point

❶ 绯花玉不喜欢水，浇水多容易导致腐烂。可每2周浇水一次，一次不用浇水太多，盆土潮湿就不需浇水。

❷ 绯花玉喜阳光充足，在4—10月的生长期，要把盆子放在光照充足处。若受光不足，会造成球体徒长，花蕾也难以开放。

栽培日历

季节	月份	播种	嫁接	扦插	开花	休眠	施肥
春	3						✓
	4	✓	✓	✓			✓
	5	✓	✓	✓			✓
夏	6		✓	✓	✓		✓
	7		✓	✓	✓		✓
	8		✓	✓	✓		✓
秋	9	✓	✓	✓			✓
	10	✓	✓	✓			✓
	11						✓
冬	12					✓	
	1					✓	
	2					✓	

绯花玉幼苗期可每15～20天施一次腐熟稀薄液肥促生长；成年开花大球，仅需花期施一两次以磷、钾为主的肥料，促进开花即可。在经过了冬天室内的辛勤养护后，切勿着急将其搬出室外或于早春灌水，因为春天时暖时冷，气候多变。最好到谷雨节气前后，气温稳定后，再搬至室外进行正常养护管理。

Sedum rubrotinctum 'Aurora'

23. 虹之玉锦

- 科属　景天科，景天属。
- 产地　墨西哥。

形　态　多年生多浆肉质草本植物。叶轮生，排列呈莲座状。叶肉质，长圆形，先端淡紫红色。花期夏季。

习　性　喜温暖干燥和光照充足的环境，耐旱性强。适宜温度为10～28℃，不耐寒，冬季最低温度需在5℃以上。适宜种植在质地疏松、排水良好的沙壤土中。

繁　殖　常用扦插繁殖。春季、秋季都可进行，枝插或叶插均可，以叶插为好。切取健康的叶片，放在通风处晾几天，待伤口干燥后插入粗沙中。稍微浇水，保持土壤湿润，很容易生根。当根长达到2～3厘米时，即可栽种在盆中培养。

种　养 Point

基质管理　采用肥沃疏松、排水良好的沙壤土栽培，可以将腐叶土、园土、粗沙或蛭石按3：2：3配制。

光照管理　虹之玉锦喜光，整个生长期要充分见光。但夏季暴晒会造成叶片日灼，可适当遮阴并保持通风良好，尤其中午应避免烈日直射。

水肥管理　虹之玉锦生长缓慢，耐干旱，因此生长期也不能大肥大水，应等土壤完全干燥后再浇水并且浇透。冬季室温不宜低于5℃，且要严格控水。

要　诀 Point

❶ 连续栽培容易导致株形散乱，因此要

根据植株生长情况，提前修剪。

❷ 有很强的趋光性，如果是在阳台养，最好经常转盆，防止植株向着一边生长，影响株形美观。

栽培日历

季节	月份	扦插	翻盆	开花	施肥
春	3				
	4				
	5				
夏	6				
	7				
	8				
秋	9				
	10				
	11				
冬	12				
	1				
	2				

虹之玉锦为虹之玉的斑锦变异品种，一种为茎叶绿色带有白色斑纹或整片叶都呈白色，经阳光暴晒后白色部分变为粉红色；另一种叶色在稍阴处呈灰绿色，在阳光充足时呈粉红色。二者的其他特征与虹之玉均相同。因为虹之玉锦主要是欣赏其晶莹变幻玉石般的叶色，所以一是注意氮肥不宜施过多，否则会使叶片带有过多的绿色，从而影响观赏；二是虹之玉锦依阳光强弱的不同叶色或白绿相间，或粉红润泽，但在阴处生长不佳，观赏价值也大大降低。

Nephrolepis exaltata

24. 波士顿蕨

- 别名　羊齿植物、雏叶肾蕨。
- 科属　肾蕨科，肾蕨属。
- 产地　亚洲、中南美洲等地热带雨林。

形　态　多年生常绿草本植物。高大肾蕨的园艺品种，叶较短，密生。株高30～80厘米，叶长可达1米，根状茎短而直立，向上有丛生叶，向下有线状匍匐茎从叶腋向四周扩展。叶草质、光滑，叶形变化多端，返祖型叶强壮直立，为1～2回羽状深裂，小裂叶纸质0.5～1厘米。突变型叶较柔软，稍下垂，为2～3回羽状深裂，小裂叶草质0.1～0.3厘米。在同一叶片中亦有两种小裂同时生长。

习　性　此品种的野生种分布在热带雨林中，附生或陆生，性喜温暖、湿润、荫蔽的环境。喜高温，20℃以上才开始生长。

繁　殖　常用分株法。

种　养 Point

春季管理　首先是进行换盆，换盆土宜用富含腐殖质的培养土。此时也可以进行分株繁殖，即从匍匐茎上分离出小植株，分别栽植上盆。植株上盆后，置遮阴处养护。生长期需保持在20℃以上。

夏季管理　夏季应置于散射光的环境中，充分浇水，且时常进行叶面喷水，保持较高的空气湿度，否则空气干燥会导致叶缘枯焦。若生长不旺，最好追施含氮浓度高的肥水，但肥水不要过浓。

秋季管理　要经常保持较高的空气湿度。由于波士顿蕨的根芽生长很快、老叶易枯，容易造成盆中拥挤不透气，故应适时整形疏剪，去掉枯枝老叶。还要防止蚜虫、介壳虫危害，可用40%氧化

乐果乳油1000倍液喷杀。

冬季管理 冬季生长缓慢时，应少浇水，停施肥。盆土不能积水，否则叶片发黄。入冬后保持5℃以上即可越冬。

要诀 Point

❶ 经常保持较高的空气湿度。

❷ 盆土不能积水，否则叶片发黄。

❸ 冬季长期处于低温（5℃以下），叶片会脱落。

栽培日历

季节	月份	分株	定植	浇水	施肥	换盆	病虫害	观赏
春	3	●				●		
	4	●	●	●	●	●	●	●
	5		●	●	●		●	●
夏	6			●	●		●	●
	7			●	●		●	●
	8			●	●		●	●
秋	9			●	●		●	●
	10							
	11							
冬	12							
	1							
	2							

水分要求较严格，不宜过湿，也不宜过干，以经常保持盆土湿润状态为佳。

Scindapsus aureus

25. 绿　萝

- 别名　黄金葛。
- 科属　天南星科，绿萝属。
- 产地　印度尼西亚。

形　态　多年生常绿草质藤本。

习　性　喜温暖、湿润，冬季温度不低于10℃。喜半阴，怕强光直射，但光线长期过于阴暗，叶片上的黄斑会变少，甚至全变成绿色；同时，枝条也变得细弱。要求疏松、肥沃、排水良好的土壤。

繁　殖　用扦插和压条繁殖。扦插宜在春末夏初进行，土插、水插均可，水插时每2天换一次水，生根后再移栽在盆中。压条除冬季不能进行外，其他季节均可进行。

种　养 Point

春季管理　春季盆栽土壤通常用腐叶土与园土掺少量细沙即可。一年四季均可在室内栽培，但春天气温升高后亦可搬出室外半阴处养护，千万不能置于烈日下暴晒，否则会严重灼伤叶片。绿萝喜水湿，要经常浇水，保持盆土湿润，每半个月施肥一次，宜多施磷钾肥，少施氮肥，这样植株不会徒长，叶色很亮丽。

夏季管理　夏季要适当遮阴，不能置于烈日下暴晒，否则会严重灼伤叶片。少施氮肥，宜多施磷钾肥，每半个月施肥一次，生长期应充分浇水，并经常向叶面喷水。水栽也能生长，植株应修剪或更新，可结合修剪进行扦插。

秋季管理　秋季室内空气干燥，要经常给植株喷水，并擦洗叶面的灰尘。秋季也要适当施肥，每20天施一次即可。

冬季管理 绿萝对低温敏感，冬春季植株出现黄叶、落叶或茎腐都是寒害的表现。因此一定要注意防寒，最好放置在温室养护管理。冬季要适当少浇水，停止施肥，盆土间干间湿为好。不能让盆土积水，否则容易烂根。还要预防根腐病和叶斑病危害。如果病害发生，可施用3%呋喃丹颗粒毒杀引起根腐病的线虫，用70%代森锰锌可湿性粉剂500倍液防治叶斑病。

栽培日历

季节	月份	扦插	压条	换盆	浇水	施肥	修剪	病虫害	观赏
春	3	✓		✓					✓
	4			✓					✓
	5		✓			✓	✓	✓	✓
夏	6	✓	✓		✓	✓	✓	✓	✓
	7	✓	✓		✓	✓	✓	✓	✓
	8		✓		✓	✓	✓	✓	✓
秋	9	✓	✓		✓	✓	✓	✓	✓
	10	✓			✓				✓
	11								✓
冬	12								✓
	1								✓
	2								✓

Hosta plantaginea

26. 玉　簪

- 别名　玉春棒、白鹤花、玉泡花。
- 科属　百合科，玉簪属。
- 产地　中国。

形　态　玉簪为多年生宿根草本，花期7—9月。

习　性　玉簪性强健而喜温暖、湿润和半阴环境，耐寒性强，但忌强光直射和暴晒，不耐干旱和高温。在浓荫处生长繁茂，对土壤要求不严，宜肥沃、疏松和排水良好的腐叶土或泥炭土。

繁　殖　繁殖方法以分株繁殖为主，在春季的4—5月和秋季的10—11月进行，每3～5年可分株一次。亦可用播种繁殖，种子秋季成熟后晾干，第二年3—4月播种，40天后出苗，待小苗长大后即可移至背阴处，2～3年方可开花。

种养Point

春季管理　播种出的幼苗在第一年生长缓慢，养护更要精心，早春要结合松土，施一次基肥。春季注意遮阳，新叶萌发后逐渐多见阳光。

夏季管理　生长期（特别是生长旺期）每月要浇透水3～5次，见干见湿。同时要追施氮肥和磷肥。暴雨时要注意及时排水，宜置于阴凉、通风、湿润处，防止日光直接照射，否则植株叶片易发黄，叶缘常出现焦枯的病斑，植株生长不良，影响开花。

秋季管理　8—9月开花期，应增施一次磷钾肥或复合肥。花后要及时摘除残花、残叶，以免影响观叶。由于玉簪种子饱满率低，成熟不一（有的几乎很少有种子），故要分批采收。

冬季管理　入冬前需浇透水。11月底霜后地上部分枯萎，可在植株基部覆浅土防寒，留下根状茎和休眠芽露地越冬。严寒季节要注意检查根状茎的越冬状况，防止冰雪覆盖。

解惑 Point

玉簪叶片焦边、萎黄的原因是什么?

❶ 烈日暴晒：玉簪喜荫蔽的环境，忌烈日暴晒。

❷ 盆土过干：盆土过干时叶片会变小，而且萎黄焦边。此时应立即将植株移至半阴处，并注意保持盆土湿润。待植株慢慢恢复后，每隔10天左右施用一次稀薄的氮肥，就可使其逐渐恢复正常生长。

❸ 盆土过湿：浇水不宜过量，尤其注意不要使土壤长期积水，以免根系因缺氧而腐烂。

❹ 施肥过重：肥水过量、施肥过多，特别是施肥浓度过高，易导致“烧根”。

❺ 低温冻害：入冬后，气温逐渐降低，玉簪也会出现叶片枯黄的现象，此时只要将植株放置于不结冰的地方即可。若冬季保持0℃以上的室温，则可使其常绿。

栽培日历

季节	月份	播种	分株	定植	开花	换盆	浇水	施肥	观赏
春	3	✓		✓		✓			✓
	4	✓	✓	✓		✓			✓
	5		✓				✓	✓	✓
夏	6						✓	✓	✓
	7				✓		✓	✓	✓
	8				✓		✓	✓	✓
秋	9			✓	✓		✓	✓	✓
	10		✓				✓	✓	✓
	11		✓						✓
冬	12								✓
	1								✓
	2								✓

Tradescantia zebrina

27. 吊竹梅

- 别名　水竹草、吊竹兰、斑叶鸭跖草。
- 科属　鸭跖草科，吊竹梅属。
- 产地　中南美洲热带的墨西哥。

形　态　多年生草本植物。叶椭圆状卵形至矩圆形，叶色紫、绿、银色相间。白色小花腋生，花期7—8月。

习　性　喜温暖湿润气候，怕烈日直晒。不耐旱也不耐寒，较耐瘠薄，对土壤pH值要求不严，但在肥沃、疏松的腐殖土壤中种植时生长最佳。较耐阴，但给予一定的散射光照射，更有利于生长。

繁　殖　常用扦插繁殖，亦可分株繁殖。吊竹梅采用茎插，很容易生根，在适宜温度下，一年四季都可进行，家庭种植以5—9月扦插最好。分株繁殖可在春季换盆时进行，将长满盆的母株从盆中倒出，切下带根的萌蘖苗，分别植入花盆即可。

种　养 Point

吊竹梅怕强光直射，光照强烈容易灼伤叶片，而过阴又容易导致茎干徒长，因此家庭种植时，可以放在通风良好、光线明亮的散射光处。

吊竹梅生长要求空气湿润，可以经常对植株喷水，以保持空气湿度。吊竹梅喜肥，生长期间15～20天施一次稀薄液肥或复合化肥，可以遵循“淡肥勤施、量少次多、营养齐全”的施肥原则。冬季室温不能低于5℃，可放置于朝南的窗台上，并控制肥水。

要　诀 Point

吊竹梅的茎干容易过长，当茎干长到25厘米左右时，要进行摘心，促进分枝，使株形丰满美观。

栽培日历

季节	月份	扦插	分株	定植	开花	换盆	浇水	施肥	修剪	观赏
春	3		✓			✓	✓	✓	✓	✓
	4		✓	✓		✓	✓	✓	✓	✓
	5	✓		✓			✓	✓		✓
夏	6	✓					✓			✓
	7	✓			✓		✓			✓
	8	✓			✓		✓			✓
秋	9	✓	✓				✓	✓	✓	✓
	10						✓	✓		✓
	11									✓
冬	12									✓
	1									✓
	2									✓

夏季宜放在室内通风良好且具有明亮的散射光处，炎夏要避免烈日直射，以免焦叶。

Serissa japonica 'Variegata'

28. 金边六月雪

- 别名　碎叶冬青，素馨。
- 科属　茜草科，六月雪属。
- 产地　亚洲东部。

形　态　常绿小灌木，植株低矮，枝叶繁茂，花小而密。

习　性　喜阳光，耐阴，较耐寒，冬季可耐-10℃低温，耐旱力强，对土壤要求不严，在肥沃、湿润的中性土中生长良好。

繁　殖　金边六月雪一般采用扦插繁殖法，也可用压条、分株等繁殖法。一般是初春用硬枝作为插穗，取一、二年生枝条，截10厘米左右，插入蛭石或干净的河沙中，罩膜保温，注意喷水，约40天可生根。

种养Point

土　壤　喜肥沃偏酸及中性沙壤土，盆栽配土要富含腐殖质，疏松透气，排水良好。可隔半月浇一次食醋水，防止土壤碱化。培养土可用4份腐熟牛粪、1份腐熟饼肥粉、4份园土、1份蛭石掺和配制。

浇　水　金边六月雪有一定的耐旱能力，却不耐水湿，浇水要掌握"间干间湿、不干不浇"的原则，雨季要防盆中积水，若在多雨天气，应将盆侧放；夏季高温干燥时节，早晚要向叶面喷水降温，增加空气湿度，以利其生长开花。秋末之后，气温逐渐降低，水分蒸发少，要减少浇水次数。

温　度　金边六月雪较耐寒，冬季气温若保持5℃以上，则枝叶葱绿常青，但土壤不能太干，要使其稍微湿润些。

施　肥　金边六月雪虽较喜肥，但若施肥过多，发枝过旺，易引起新枝徒长，一般只在入冬前和花后各施一次腐熟的饼肥水。植株徒长会破坏盆景造型。

修　剪　金边六月雪萌芽力强，每年要修剪两次：第一次在4月中旬进行，以利于6月开花；第二次花凋落之后，剪除着花枝梢，使之萌发新芽。根部萌发的分蘖枝及过密枝也应随时剪除。在生长季节要经常摘心，使枝叶符合造型的需要。徒长枝一般应剪除，如需弥补造型不足，也可剪短。

病虫害　一般为介壳虫，可喷洒40%氧化乐果1000～1500倍液或25%亚胺硫磷1000～1500倍液来防治。

要　诀 Point

❶ 因其畏烈日暴晒，生长期宜放置在半阴湿润的树荫等处，否则会因光照太强而影响生长，不利观赏。

❷ 金边六月雪消退最常见的原因就是在养护中光照不足。光照太弱会使金边六月雪慢慢消退，要适当增加光照，同时也可以使用一些磷钾肥辅助。

栽培日历

季节	月份	扦插	分株	压条	定植	开花	结果	换盆	浇水	施肥	修剪	病虫害	观赏
春	3	●	●	●	●			●				●	
	4		●	●	●	●					●	●	●
	5					●			●	●	●		●
夏	6	●				●			●	●	●	●	●
	7	●				●	●		●	●	●	●	●
	8						●		●	●			●
秋	9						●	●	●	●			●
	10						●				●		●
	11						●						●
冬	12											●	
	1											●	
	2	●						●					

Gardenia jasminoides

29. 栀　子

- 别名　黄栀子、木丹、山栀子、玉荷花、白蟾花。
- 科属　茜草科，栀子属。
- 产地　我国长江流域以南各省区。

形　态　常绿灌木。花期4—8月，果期11月。

习　性　性喜温暖、湿润气候，稍耐寒、喜光，但又要求避免强烈阳光直射。喜空气湿度高、通风良好的环境。喜排水良好、疏松、肥沃的酸性土壤。畏碱土，当pH值超过6.5时，叶片开始发黄。

繁　殖　可用扦插、分株、压条等方式繁殖。栀子枝条生根容易，取当年生嫩枝，于5—6月或梅雨季节扦插。为减少蒸发，利于成活，可将保留的每张叶片剪去一半。约1个月生根。栀子萌蘖力强，可将根基蘖芽切离母株，进行分株。梅雨季节，选择三年生母株下部强壮枝条进行压条繁殖。

种　养 Point

栀子喜湿，故称“水栀子”，要求的空气湿度较大，盆花周围每日早晚洒水，以提高空气湿度。

栀子应放在室外通风半阴处，在初蕾形成前后，施一两次液肥。栀子萌芽力强，花后应将开谢的残花及时剪去，促使抽生新梢。当新梢长到2～3节时，进行一次摘心，并适当抹除部分腋芽。在北方土壤pH值偏高和缺铁易引起叶片发黄，可以浇矾肥水或施硫酸亚铁。冬季应放在室内，它稍耐寒，但温度在−12℃下时叶片会受冻脱落。冬季栀子处于半休眠状态，室温不宜过高，一般保持在3～5℃，并控制浇水，置于有散射光处，但要通风。

病虫害 栀子可用溴氰菊酯防治天蛾。

要 诀 Point

❶ 缺铁时可施硫酸亚铁。

❷ 微酸性土壤栽植，花后修剪。

解 惑 Point

在我国北方怎样防止栀子枯黄落叶?

栀子要求强酸性土壤，pH值不得超过5.5，北方调制的培养土pH值都在6.5～7.0，上盆栽种栀子，不出一个月叶子就开始发黄，新生叶片也黄而不绿，时间一长开始掉叶。

要想养好栀子，可用松针土和沙壤土混合上盆栽种，最好用河水或雨水浇灌。北方常用“矾肥水”来改变土壤的酸碱度。盆土应见干见湿，春季干燥、风大，在放置处每天早晚喷一次水，以提高空气湿度。春、夏、秋三季注意遮阴，冬季栀子花处于半休眠状态，室温不宜过高，一般保持在3～15℃，并控制浇水，并应多见阳光，但要通风。

栽培日历

季节	月份	播种	扦插	压条	定植	开花	结果	换盆	施肥	修剪	观赏
春	3	✓	✓		✓			✓	✓	✓	
	4			✓	✓	✓			✓	✓	
	5		✓			✓				✓	✓
夏	6		✓	✓		✓				✓	✓
	7		✓	✓		✓				✓	✓
	8					✓				✓	✓
秋	9		✓						✓	✓	
	10		✓				✓			✓	✓
	11								✓		
冬	12										
	1										
	2		✓							✓	

Pelargonium hortorum

30. 天竺葵

- 别名　石腊红、绣球花、洋绣球、洋葵。
- 科属　牻牛儿苗科，天竺葵属。
- 产地　南部非洲。

形　态　亚灌木或多年生草本植物，全株有特殊的气味，花期5—7月。

习　性　天竺葵喜温暖、湿润和阳光充足环境，怕高温，亦不耐寒、不耐水湿，而较耐干燥，忌积水，宜肥沃、疏松和排水良好的沙壤土。适宜生长温度15～20℃，冬季不得低于5℃。

种　养 Point

春季管理　春季最适合天竺葵生长，每半月施肥一次，氮肥不宜过多，否则枝叶过于繁茂而影响开花。花茎抽出时，增施磷钾肥一次。

夏季管理　天竺葵忌阳光暴晒，夏季应放置阴处，保持盆土湿润，控制浇水，停止施肥。

冬季管理　冬季在室内保持白天15℃左右，夜间不低于5℃，并给予充足的光照，及时施肥，加强通风换气，清除残花枯叶，防止病虫害发生。

要　诀 Point

❶ 夏季保持盆土湿润，盛夏高温期要严格控制浇水量。

❷ 花谢后应立即摘除花枝，促使新花枝形成并开花。

❸ 冬春开花期，应放在向阳处，否则叶片易下垂变黄。

解　惑 Point

天竺葵为什么不开花?

❶ 温度不适：天竺葵的最适宜生长温度

18～28℃，温度低于13℃时，生长几乎停止。如果通风不良，枝叶易徒长，也会影响翌年开花。

❷ 光照不足：冬春两季在室内莳养时，如果长期光线不足，易引起植株徒长而不开花，甚至已形成的花蕾也会因光照不足而萎缩干枯。

❸ 浇水过多：天竺葵怕涝，若浇水过多或遭受雨淋，致使长期盆土过湿，易引起烂根、叶子变黄或植株徒长。

❹ 施肥过量：施肥过量，特别是施氮肥过多，易引起枝叶徒长，不开花或开花稀少。

❺ 修剪不当：天竺葵的修剪要及时、适度，如摘心过重，造成叶片数量少，也会延缓生长期，使着花量减少。

栽培日历

季节	月份	播种	扦插	定植	开花	换盆	浇水	施肥	修剪	观赏
春	3	✓	✓	✓		✓			✓	
	4		✓				✓	✓		
	5		✓		✓		✓	✓	✓	✓
夏	6				✓		✓			✓
	7				✓		✓			✓
	8						✓		✓	
秋	9	✓	✓					✓		
	10	✓	✓					✓		
	11		✓					✓		
冬	12		✓							
	1		✓							
	2	✓	✓			✓				

叶片具柔毛，施肥、浇水时应避免叶片沾染肥水，或施肥后以清水洗净叶面并使其干燥。

秋

Salvia splendens

1. 一串红

- 别名　爆仗红、拉尔维亚、象牙红。
- 科属　唇形科，鼠尾草属。
- 产地　南美洲巴西。

形　态　多年生草本花卉，在我国常作一年生草本花卉栽培。

习　性　一串红性喜温暖湿润的环境，畏暑热，忌霜寒，适宜的生长温度为20～25℃。气温低于10℃以下时叶片发黄，如遇霜冻则死亡。

繁　殖　一串红以种子繁殖为主，亦可扦插。播种期为每年3—4月。扦插则结合摘心进行。

种　养 Point

定植后要立即摘心，使其多分枝、多抽花。8月进行第二次摘心，以控制植株高矮和开花时期。

结合修剪整形，每隔10天追施液肥1次，以施腐熟豆饼肥较为理想。夏季高温，长势渐弱，禁施肥。立秋后，追施稀释1500倍的硫酸铵，能得到枝繁叶茂的理想效果。

要　诀 Point

❶ 栽培过程中，要摘2～3次心，促发分枝，增抽花穗。

❷ 夏季养护，要适当遮阴，忌施追肥，确保枝叶繁盛。

❸ 摘心后约一个半月可抽穗开花，调节花期时，要注意控制最后一次摘心的时间。

解　惑 Point

如何控制一串红在“五一”开花呢?

❶ 适时育苗：8月下旬播种，覆土宜

薄，播后8～10天出苗。待苗长到6厘米时开始摘心，促其分枝，使植株矮壮。10月下旬陆续上大盆，盆土宜疏松肥沃。

❷ 保护越冬：11月下旬至12月上旬移入温室或大棚中越冬，以防霜冻，同时摘心一次。

❸ 花前管理：春季转暖后及时松土一次，每周追施一次稀薄液体肥料，促其迅速生长。3月下旬将盆移至室外，并进行适当修剪，一般将长度在15厘米以上的末级分枝进行轻摘心(10厘米以下的不摘心)，并疏除过多的弱分枝，每盆留5～7个小分枝。4月上中旬对那些花蕾发育较快的植株可停止追肥以延迟花朵开放；而对那些花蕾发育较慢的植株则可每隔2～3天喷一次0.1%的磷酸二氢钾溶液以促使花蕾迅速生长。

❹ 亦可利用国庆节谢花后的盆栽老株，使其在次年“五一”前开花。做法：入冬前适当重剪，促老株基部重新发生多数新枝，并在温室或大棚内越冬，次年加强管理，即可在“五一”开花。

栽培日历

季节	月份	播种	扦插	摘心	观赏
	3				
春	4				
	5			定植后立即摘心，促分枝	
	6				
夏	7				
	8				
	9				
秋	10				
	11				
	12				
冬	1				
	2				

Dahlia pinnata

2. 大丽花

- 别名　大丽菊、大理花、天竺牡丹。
- 科属　菊科，大丽花属。
- 产地　墨西哥。

形　态　多年生草本植物，具纺锤状肉质块根，花期6—10月。

习　性　喜温暖、强光照及通风环境，畏严寒酷暑，生长发育适宜温度15～25℃，气温超过30℃，其生长发育就会受到阻碍，因此，5—11月均可开花，但5—6月及10—11月为生长开花适宜期，而在夏季高温多雨地区往往生长不良，甚至死亡。

繁　殖　可采用播种、分株和扦插繁殖。

种　养 Point

宜选用矮型品种。盆栽土一定要混拌30%腐叶土，并在盆底施放基肥。春季生长期每周追施氮肥一次，花蕾吐色后加施5%过磷酸钙水溶液，能促使花色鲜艳。施肥时间以晴天傍晚最好。因夏季植株处于半休眠状态，一般不宜施肥。遇连雨天时，应倾倒花盆，避免盆内渍水烂根。春季开花后，在晴天短截植株越夏，加强养护管理，秋季能再度盛开。

为矮化和丰满株型，当植株长至30～40厘米高时，摘心1～2次，保留4～5枝健壮分枝，及时打掉腋芽。当出现花蕾后，每枝保留1～2个主蕾，剥去多余花蕾，以保证开花质量。

要　诀 Point

❶ 分株繁殖时必须带芽（根颈）切割块根。

❷ 盆栽要严格控制浇水，以防徒长和烂根。

❸ 冬季块根必须贮藏于5℃以上干燥的环境，低温会导致块根腐烂。

解 惑 Point

怎样养护大丽花?

大丽花在生长过程中有如下4个特性，掌握了以下4个特点，就能使大丽花花大色艳。

❶ 喜凉爽，怕炎热：大丽花的生长适温为15～25℃。在超过30℃的高温季节，植株生长停滞，处于半休眠状态。大丽花不耐霜，霜打后茎叶立即枯萎。

❷ 喜阳光，怕荫蔽：大丽花喜充足阳光，除炎夏中午需适当遮阴外，其他季节均应以予充足的光照，每天最好能见光10～12小时。如果长期光照不足，就会出现花小、色淡现象。

❸ 喜湿润，怕水涝：大丽花既不耐干旱，也怕水涝，以保持盆土湿润为宜。早上浇水以保持嫩叶、嫩梢能自然舒展为度。切忌傍晚多浇水，避免植株徒长。

❹ 喜肥沃，怕瘠薄：大丽花植株高大，花期长，喜疏松、肥沃、排水良好的沙壤土，除栽种时需施足茎肥外，生长期间还要经常施稀薄肥水，并逐渐加大施肥浓度。

栽培 日历

季节	月份	播种	分株	扦插	开花	结果	施肥	块根采收
春	3	✓	✓	✓			✓	
	4	✓	✓	✓			✓	
	5				✓		✓	
夏	6				✓		✓	
	7				✓			
	8				✓			
秋	9				✓	✓	✓	
	10				✓	✓	✓	
	11				✓			✓
冬	12							
	1							
	2							

Chrysanthemum morifolium

3. 菊　花

- 别名　鞠、傅延年、黄花、秋菊、节花。
- 科属　菊科，菊属。
- 产地　中国。

形　态　菊花为多年生宿根草本，花期9—12月。

习　性　菊花是我国的十大传统名花之一。其适应性较强，喜冷凉，较耐寒，一些品种在北方露地越冬。喜阳光充足、通风良好的环境，忌盛夏强光暴晒，稍耐阴，较耐旱，最忌湿涝，喜地势高燥、土层深厚、富含腐殖质、疏松、肥沃、排水良好、微酸性至中性的沙壤土。菊花除夏菊和四季菊外，绝大部分都是短日照植物，在春夏两季完成营养生长，在每天14.5小时的长日照下进行茎叶的营养生长，在每天12小时以上的黑暗与10℃的夜温中促使花芽发育。

繁　殖　菊花的繁殖方式多样，有播种、扦插、分株、嫁接等方法。

种　养 Point

春季管理　春季是菊花的繁殖季节。

夏季管理　一般的盆菊栽培最好采用排水、保水、保肥、透气性俱佳的土壤，将扦插生根的幼苗栽植于盆中，2周后若生长良好，就可摘心，以促进侧枝生长，如需多留花头，可再次摘心。定头后注意叶腋间的腋芽，生长初期每周施用一次液肥以促进生长，立秋后5～6天一次液肥，现蕾后4～5天一次。在夏季高温及花芽开始分化时应停止施肥。盆菊须浇足水才能生长良好，花大色艳；但夏季忌涝，应注意排水。8月立秋前要给盆菊定头，之后不可打顶。

秋季管理 秋季为菊花生长的最适季节和开花季节，要抓紧做好抹芽、除蕾、修剪、绑扎、立支柱等工作，合理浇水、施肥，防止盆土过干而导致菊花的脚叶脱落。

冬季管理 每年11—12月，秋菊开始凋谢，枝叶干枯。菊花凋谢后，于12月中下旬将老叶剪除后，放置在室内冷凉处，保持0～5℃的温度，使其处于休眠状态，注意盆土湿度，不能过干。翌春3月再移出室外。

病虫害 菊花常见病害有叶斑病和白粉病，叶斑病可用100～160倍的等量式波尔多液喷洒，白粉病可用50%多菌灵可湿性粉剂1500倍液喷洒。

要诀 Point

❶ 立秋前做好菊花的定头工作。

❷ 可利用菊花为短日照植物的特性，进行加光或遮光，以提前或推迟开花。

❸ 合理浇水、施肥，防止盆土过干而导致菊花的脚叶脱落。

栽培日历

季节	月份	播种	嫁接	扦插	分株	定植	开花	摘心	浇水	施肥	除草	病虫害	观赏
春	3	●						●					
	4		●	●	●	●						●	
	5		●	●	●	●					●	●	
夏	6		●	●		●		●		●	●	●	
	7			●				●				●	
	8			●					●	●	●		
秋	9						●		●	●	●	●	●
	10						●						●
	11			●	●		●						●
冬	12			●			●						
	1												
	2												

Hemerocallis fulva

4. 萱　草

- 别名　黄花、一日花。
- 科属　百合科，萱草属。
- 产地　中国。

形　态　萱草属多年生肉质宿根草本花卉，花期5—7月。

习　性　萱草多生长于排水良好的山坡草地，性强健而耐寒，适应性强，喜光照又耐半阴，北方可露地越冬。耐干旱，对土壤要求不严，在瘠薄的土壤中也能生长，但在富含腐殖质、排水良好的湿润土壤上生长最适。

繁　殖　繁殖以分株式播种繁殖为主，在春、秋两季均可进行。分株宜每2～4年进行一次，否则生长势会大大衰退；在9月的中下旬进行最好，栽前应施足充分腐熟的基肥，在生长季节每月还应追施肥水1～2次，秋季分株后一定要把冬水灌足。播种繁殖应在采种后立即播种，经冬季低温于次春萌发。春播当年不能萌发，将使生长期推迟一年。

种　养 Point

萱草栽培较易，在早春萌芽前挖穴并施入基肥，覆盖薄土后植入植株，浇透水。多年生植株在春季萌发较早，也应注意灌水，雨季注意排水防涝。秋季花后剪去枯了的花梗，施入腐热的堆肥，以利来年生长。冬季萱草的地下根系不加任何保护都可越冬。

常见锈病危害，发病初期喷石灰硫黄合剂防治。虫害有岩螨，发生期用40%三氯杀螨醇乳油1000倍液喷杀。另有木樟尺蠖和白星金龟子为害，可人工捕杀。

要 诀 Point

❶ 虽比较耐阴，但过度荫蔽会导致开花减少。

❷ 开花期间要注意抗旱浇水，过度干旱会缩短花期。

❸ 老植株开花逐年减少，应隔3年分栽一次。

❹ 高温多雨容易产生蚜虫和锈病危害，注意及时防治。

栽培日历

季节	月份	播种	扦插	分株	开花	浇水	施肥	除草	观赏
春	3	✓		✓		✓	✓	✓	
	4	✓				✓	✓		
	5				✓	✓	✓		
夏	6		✓		✓		✓	✓	✓
	7		✓		✓				✓
	8						✓		✓
秋	9	✓				✓	✓		✓
	10	✓		✓		✓	✓	✓	
	11			✓		✓	✓		
冬	12								
	1								
	2							✓	

养护管理比较简单，病虫害少；生长季节适量浇水和施肥，雨季排涝，秋季多施腐熟基肥。

Mentha haplocalyx

5. 薄　荷

• 别名　野薄荷、仁丹草。
• 科属　唇形科，薄荷属。
• 产地　中国。

形　态　多年生草本植物。全株气味芳香。叶对生。花淡紫色，唇形。花期8—10月。

习　性　喜欢温暖湿润的环境，不耐干旱，生长适温为20～30℃。属长日照植物，喜阳光充足。适宜中性土壤，pH值6.5～7.5的沙壤土、壤土或腐殖质土均可种植。

繁　殖　常用根茎、分株或扦插繁殖。

根茎繁殖：3—5月或秋季挖取粗壮、色白的根状茎，剪成长10厘米左右的根段，埋入盆土中经20天左右就能长出新株。

分株繁殖：3—5月或秋季，苗高15厘米时，将苗挖起，移栽。移植地按行距20厘米、株距15厘米挖穴，每穴栽秧苗2株。栽后盖土压紧，浇水。大面积栽培多用此法。

扦插繁殖：每年4—5 月或秋季，将地上茎枝切成10厘米的小段作插条，在整好的苗床上扦插育苗。

种养 Point

换　盆　每年春天进行换盆，若发现植株长势不旺，需进行更新修剪。盆栽基质可用腐叶土、园土、砻糠灰或粗沙等材料配制，同时施入有机肥作基肥，在pH值5.3～8.3的范围内都可以种植，但以pH值6.5～7.5时生长较好。

浇　水　生长期应充足浇水，保持盆土湿润，但忌湿涝。

施　肥　生长期每月施1次肥料，肥料以氮肥为主，磷、钾肥为辅。

修　剪　生长过程中，若茎干过高需进行摘心，或用多效唑溶液进行叶面喷施来控制高度。

要　诀 Point

❶ 喜充足的阳光，在充足光照下，有利于香气的形成，家庭种植时，宜置于阳台或向阳的窗台。

❷ 雨后要及时倒去盆中的积水，避免盆土过湿导致植株徒长、叶片变薄、根系发育不良等。

栽培日历

季节	月份	播种	根茎繁殖	扦插	分株	开花	中耕	排灌	摘心	施肥	病虫害	观赏
春	3	●	●	●	●		●			●		
	4	●	●	●	●		●			●		●
	5	●	●	●	●				●		●	●
夏	6						●			●	●	●
	7							●			●	●
	8					●		●			●	●
秋	9		●	●	●	●				●	●	●
	10		●	●	●	●					●	●
	11		●	●	●							●
冬	12											
	1											
	2									●		

家庭种养薄荷，可置于花盆、庭院中，既可以闻其芬芳，也可以泡茶、入膳，还可以观赏。

Coleus amboinicus

6. 到手香

- 别名　碰碰香、印度薄荷、苹果香草、还魂草。
- 科属　唇形科，鞘蕊花属。
- 产地　印度。

形　态　多年生草本植物，全株密被细毛，具强烈特殊辛香味。

习　性　喜阳光，喜干燥，也较耐阴，耐干旱，怕强光暴晒和闷热潮湿。不耐寒，冬季需要5～10℃的温度。栽培土质以疏松肥沃、排水良好的腐殖质土或沙质壤土最佳。

种　养 Point

春季管理　每年春季换盆一次，一般在3—4月进行，盆土宜用排水透气性好、疏松肥沃的沙壤土。换盆后浇透水。

夏季管理　夏季植株长势较弱，注意遮光，最好放在通风凉爽处，防止因高温、湿热引起叶片脱落，甚至造成植株死亡。

秋季管理　每月施一次腐熟的稀薄液肥或营养全面的复合肥，促使植物健壮生长。

冬季管理　少浇水，不施肥，要有足够的光照，并维持至少5℃以上的温度。

要　诀 Point

❶ 到手香不耐潮湿，过湿易烂根死亡。生长期浇水做到见干见湿，避免盆土积水。夏季过后要少浇水，冬天更要控制浇水。

❷ 生长期，植株过高时，可进行摘心，促进新枝萌发，使株形丰满美观。

栽培日历

季节	月份	播种	扦插	开花	换盆	修剪	观赏
春	3	✓	✓		✓		✓
	4	✓	✓		✓		✓
	5	✓	✓				✓
夏	6			✓			✓
	7			✓			✓
	8			✓			✓
秋	9	✓	✓			✓	✓
	10	✓	✓				✓
	11	✓	✓				✓
冬	12						✓
	1						✓
	2						✓

关于修剪，您可以根据自己喜好，把其修剪成伞形、圆柱形和圆锥形等多种形状，有了赏心悦目的外形，再加上沁人心脾的香气，那便成了客厅或书房的一道风景。到手香既可食用，也能药用，还可保健。作为一种具有多种用途的园艺植物，到手香无疑是家庭种养香草的优选！

Ocimum basilicum

7. 罗　勒

- 别名　九层塔、香兰。
- 科属　唇形科，罗勒属。
- 产地　非洲、美洲及亚洲热带地区。

形　态　一年生草本植物。花淡紫色，花序重重叠叠如塔状。花期7—9月，果期9—12月。植株具浓烈芳香，味似茴香。

习　性　喜阳光充足、温暖湿润的天气，耐干旱，不耐涝，不耐寒，以排水良好、肥沃的沙壤土或腐殖质壤土为佳。

繁　殖　播种繁殖或扦插繁殖。

播种繁殖：播种时期以5月中旬为宜。将种子均匀播入土中，覆薄土一层，播后浇水。

扦插繁殖：在25℃左右时，剪取5～10厘米的枝条，将基部插入土壤中，放在阴凉的地方并保持土壤水分潮湿。

种养 Point

罗勒适合全日照、通风排水良好的地方，土壤保持湿润、肥沃、碱性为佳。

需要足够的水分，因此要按时浇水。

罗勒的生长速度比较快，需吸取丰富的养分，每10～15天要少量施一次氮、磷复合肥，做到薄肥勤施。

成株后，可以适当摘除枝叶，这样会促使植株枝叶越来越茂密。

罗勒主要以蚜虫、日本甲虫、蓟马、潜叶蝇、蜗牛及蛞蝓为害。采用有机栽培可用喷水驱离蚜虫，用手捉日本甲虫丢进肥皂水中。至于蛞蝓及蜗牛，可用小的啤酒容器诱杀或者在距植株基部5厘米处（10厘米处更佳）绑铜片。

要诀 Point

❶ 罗勒是一种深根植物，选择高度较高的花盆种植比较适合。

❷ 罗勒开花时，可以把花序及时摘掉，以促生更多的新叶。

❸ 罗勒忌积水，忌烈日，因此要提供排水条件佳、日照充足而又不会暴晒的环境。

栽培日历

季节	月份	播种	扦插	开花	结果	收获（制取精油）	收获（食用）	病虫害
春	3							
	4						✓	✓
	5	✓					✓	✓
夏	6	✓	✓					
	7		✓	✓				
	8		✓	✓		✓		
秋	9			✓	✓	✓		
	10				✓	✓		
	11				✓			
冬	12				✓			
	1							
	2							

罗勒集观赏、食用、药用于一身，是家庭种养香草类植物不可或缺的选择。其花朵艳丽，植株可盆栽供观赏；嫩梢、嫩叶可炒食、凉拌、煮汤、调味等，味道独特；植株含有芳香成分，采其叶片、嫩芽、花可提神醒脑。

Lithops pseudotruncatella

8. 生石花

- 别名　石头花、象蹄、石头玉。
- 科属　番杏科，生石花属。
- 产地　南非和西南非洲的热带沙漠地区。

形　态　肉质多年生草本植物。花白色，秋季开放。

习　性　喜冬暖夏凉、干燥及阳光充足环境。生长适宜温度20～24℃，夏季高温呈半休眠状态。不耐寒，越冬温度必须保持在12℃以上。要求疏松的沙壤土。

繁　殖　常用播种繁殖，也可分株扦插繁殖，但极易腐烂。播种繁殖常在4—5月进行，在温暖地区秋季也可播种。需与细沙混拌后一起撒播，播后浅覆土，采用浸灌法浇水，注意遮阴，约1个月出苗，培养3～4年即可开花。

种养Point

春季管理　植株根系很深，宜选用深盆种植，且在盆底多垫石砾和碎瓦，利排水，盆土要求含石灰质丰富、排水透气良好，可用腐叶土3份、石灰质材料2份、河沙2份配成。新栽植株不宜立即浇水，最好放置3～5天后再浇水。以后可每隔3～5天浇一次水，春季可追施稀薄肥水，但注意肥水不能沾淋叶片。生长适宜温度为15～28℃。这时，从球形叶的中央部分开始长出新的球体(有时能生长2个以上)，而老的球状叶则逐渐萎缩，此间切忌直接往植株上喷水，以防伤口感染。

夏季管理　夏季高温，及时通风，并适当遮阴，使温度保持在25～35℃，为植株创造良好的休眠条件。雨季到来时，要进一步减少浇水。雨季过后，再增加浇水量并施以复合肥料，为休眠后的植株孕育增补养分。主要发生叶斑病和叶腐病危害，可用65%代森锌可湿性粉剂600倍液喷洒。有蚂蚁和根结线虫危害，用套盆隔水栽培，防止蚂蚁危害，用换土方法防治根结线虫。

秋季管理　入秋可将浇水量逐步恢复到春季的水平，促其开花。花后气温开始下降，应及时撤掉遮阴帘，以提高室温和光照强度。花后严格控制浇水，以盆土偏干为宜。

冬季管理　冬季应严格控制浇水，使盆土偏干，浇水略有不慎就会导致植株腐烂。冬季，只需将其置于阳光充足处，适当浇水，保持较干燥的生长环境即可。当室温下降到8～10℃时，需采取防寒、保温措施，使夜间温度维持在8℃以上。

要诀 Point

夏季高温，植株休眠，此时要稍加遮阴并节制浇水，以防止腐烂。盆土表面覆盖一层白色沙砾，可降低土温，有利于根系生长。

栽培日历

季节	月份	播种	定植	换盆	脱皮	休眠	开花	浇水	施肥	病虫害
	3									
春	4									
	5									
	6									
夏	7									
	8									
	9									
秋	10									
	11									
	12									
冬	1									
	2									

Kclanchoe blossfeldiana

9. 长寿花

- 别名　寿星花、日本海棠、矮伽蓝菜、伽蓝花。
- 科属　景天科，伽蓝菜属。
- 产地　非洲马达加斯加的热带地区。

形　态　多年生常绿多肉植物，春、秋两季开花，且花期长达50多天。

习　性　喜温暖向阳及略干燥的环境。生长适温15～25℃，越冬温度需5℃以上。对光照要求不甚严格，稍耐阴，但在光照充足的条件下生长开花最好。

种养 Point

春季管理　植株易老化，可通过修剪或扦插繁殖新苗来更新老的植株。培养土选用腐叶土4份、园土4份、河沙2份混合配制。应放置在日照充分的场所养护。浇水掌握“湿则不浇、干则浇透”的原则。幼苗应多次摘心，促进多分枝，以求枝茂花繁。长寿花有向光性，要经常调换花盆方向，使植株均匀受光，生长匀称。生长旺盛期及时摘心，促使多分枝，使冠形更加丰满美观。待花谢后，应及时剪掉残花，节省养分。

夏季管理　耐旱性较强，忌盆土积水，若盆土过湿会导致植株长势衰弱，甚至造成根茎腐烂。不耐高温，高于30℃生长迟缓，应放在荫棚下通风处，少浇水，停止施肥，使其安全度过高温期。6月上中旬光照过强时则应放在半阴地，只让其接受上午的光照。

秋季管理　9月可接受全光照，促进花芽分化，增强越冬能力。每2周追肥一次，多施磷、钾肥，少施氮肥，以促进开花。深秋时则每7天浇一次水，既利于延长花期，也利于提高越冬能力。秋季气温开始下降，对水分的要求也逐渐降低，浇水间隔时间又要逐渐加大。

冬季管理　冬季低温时要严格控制水分。冬季要求充足的光照，如长期光照不足，会使叶片脱落，花色暗淡，失去观赏价值。因此冬季应将花放在阳光直射的地方。冬季夜间的温度应保持在10℃以上，白天15～18℃，温度过低花期推迟，0℃以下会受到冻害。

要诀 Point

忌盆土积水，尤其冬、夏两季，若盆土过湿会导致植株长势衰弱，甚至造成根茎腐烂。幼苗应多次摘心，促进多分枝，以求枝茂花繁。

栽培日历

季节	月份	扦插	开花	病虫害	修剪	施肥
春	3					
	4					
	5					
夏	6					
	7					
	8					
秋	9					
	10					
	11					
冬	12					
	1					
	2					

长寿花由德国人波茨坦自非洲南部引入欧洲，至20世纪30年代世界才开始广泛栽培观赏，它具有花期长、耐干旱、栽培容易、装饰效果好的优点，是家居栽植的不错选择。将其布置于窗台、书桌、案头，十分相宜。

Echeveria secunda

10. 石莲花

• 别名　宝石花、莲花掌。

• 科属　景天科，石莲花属。

• 产地　墨西哥等地。

形　态　肉质草本植物。花期6—10月。

习　性　喜温暖干燥和阳光充足，也能耐半阴，生长适宜温度12～18℃，越冬温度不宜低于8℃。略干燥及通风良好的环境中生长最佳。要求排水好的沙壤土。

繁　殖　一般用分株和叶插法繁殖。分株结合换盆，从老茎上切割侧生的小植株直接栽入沙床即可。扦插四季均可进行，以8—10月为宜，生根快，成活率高。插壤不宜过湿，否则剪口仍易发黑腐烂，根长2～3厘米时上盆。

种养Point

春季管理　石莲花每年春天换盆，换盆时施一点基肥，盆土可用腐叶土加沙壤土，也可用等量的泥炭土、园土、粗沙混合配制，并在盆底多垫碎瓦片，使其排水良好。上盆种植初期，先放置遮阴处养护半个月，再移至光照充足处管理。浇水不宜多，以保持土壤润而不湿为度，但不能积水，一般4～5天浇一次为好。

夏季管理　夏季不施肥。以干燥环境为宜，不需多浇水，如浇水过多，使盆土过湿，茎叶易徒长，通风欠佳，会导致植株叶片发黄脱落，降低观赏效果。盛夏高温时可少量喷水，切忌阵雨冲淋。生长期每月施肥一次，以保持叶片翠绿，不可施肥过多，以免茎叶徒长。生长期喜光，应放置在室内光线明亮处，每天保持4～6小时的光照，并注意通风。

秋季管理 忌施浓肥，否则易引起肥害。秋季每3～5天浇一次水。

冬季管理 冬季放置在室内向阳处，才能生长良好。如长期放置在室内阴暗处，会引起茎叶徒长，叶片瘦弱且易脱落。冬季低温条件下，要节制浇水，可每半个月浇一次，若水分过多，根部易腐烂死亡。另外，可每10天用温度与室温接近的清水洗一次叶片，保持叶面清洁，提高观赏价值。

要诀 Point

❶ 浇水过多，通风欠佳，会导致植株叶片发黄脱落。

❷ 忌施浓肥，否则易引起肥害。

❸ 花小，观赏价值不高，应尽早剪除。多肉观叶为主。

栽培日历

季节	月份	播种	分株	扦插	休眠	换盆	开花	翻盆	施肥
春	3	✓	✓			✓			✓
	4	✓	✓			✓			✓
	5	✓	✓			✓			✓
夏	6				✓		✓		
	7				✓		✓		
	8			✓	✓		✓		
秋	9	✓	✓	✓			✓	✓	✓
	10	✓	✓	✓			✓	✓	✓
	11	✓	✓					✓	✓
冬	12								
	1								
	2								

Haworthia fasciata

11. 十二卷

- 别名　锦鸡尾、鸡舌掌。
- 科属　芦荟科，蛇尾兰属。
- 产地　南非亚热带地区。

形　态　多年生肉质草本植物。植株矮小，单生或丛生，叶片大多数呈莲座状排列，少有两列叠生或螺旋形排列成圆筒状。叶三角状披针形，叶面深绿色，具较大的排列成横条纹白色瘤状突起。总状花序，小花，白绿色。

习　性　性喜温暖和光照充足、干燥的环境。耐干旱、不耐寒、耐半阴、忌水湿，要求疏松肥沃、排水良好的沙壤土，生长适宜温度15～18℃。

繁　殖　常用分株繁殖和扦插繁殖。还可采用花序和花被为材料进行组培繁殖。

分株繁殖：全年均可进行，常在4—5月换盆时，将过密的株丛进行分株，分株上盆后放荫蔽处，控制浇水，待新根生出后逐渐多见阳光和增加浇水量。

扦插繁殖：5—6月将肉质叶片轻轻切下，基部带上半木质化部分，插于沙床，20～25天可生根。

种　养 Point

春季管理　盆土用腐叶土掺河沙20%配合而成，施入少量基肥，每2年换一次盆。早春结合换盆进行分株繁殖，因分株时植株的根系较浅，应先放阴处，并节制浇水，等长出新根后，可正常管理。每周浇水2～3次，10～20天施一次稀薄液肥。在室内长期散射光的条件下生长良好，是一类非常理想的小型盆栽花卉。

夏季管理　夏季有一段休眠期，应节制浇水，并放于荫蔽处安全度夏。有时发生根腐病和褐斑病，可用65%代森锌可湿性粉剂1500倍液喷洒。虫害有粉虱、介壳虫，用氧化乐果1500倍液喷杀。

秋季管理　浇水要适量，偏干效果较好，过湿根系易腐烂。根系腐烂的苗株要及时取出，修去腐烂部分，略晾干后涂上草木灰，植入沙床，喷少量水。经过养护一段时间，仍可发出新根。平常养护时，半日照即可。

冬季管理　冬季温度低，更要严格控制浇水，使盆土保持干燥为宜，5℃时进入休眠。

要　诀 Point

冬季防寒，控制水分；夏季适当遮阴；土壤一定要排水良好。

栽培日历

季节	月份	分株	扦插	换盆	休眠	开花	病虫害	施肥
春	3							✓
	4	✓		✓				✓
	5	✓	✓	✓		✓		✓
夏	6		✓			✓	✓	
	7				✓		✓	
	8				✓		✓	
秋	9					✓		
	10					✓		
	11					✓		
冬	12							
	1				✓			
	2				✓			

Hoya carnosa

12. 球　兰

- 别名　毬兰、樱花葛。
- 科属　萝藦科，球兰属。
- 产地　我国南方及澳大利亚等地。

形　态　多年生常绿藤本多肉植物。花期5—9月。

习　性　性喜高温、高湿环境。喜阳光也能耐半阴，不耐寒，越冬温度需在8℃以上。

繁　殖　繁殖常采用分株或扦插。分株结合春季换盆进行。扦插于夏季选取半木质化枝条作插穗，也可用芽插。

种　养 Point

春季管理　春季栽植宜选用高筒盆，用腐叶土与河沙等混合，另加少量骨粉作基肥。也可用腐殖土、苔藓等作基质，将其栽入用多孔容器制成的吊篮、吊盆内。一般盆栽可放在室内有明亮散射光处，光照不能过强。幼龄植株宜早摘心，促使分枝，并设支架让其攀附生长。盆栽生长季节每年4月换一次盆，换盆时剪去部分老根和陈土，增添新的培养土，以利植株健壮生长。

夏季管理　夏季是生长季节，应放置在半阴环境下生长。除正常浇水保持盆土稍湿润外，还需经常向叶面上喷清水，以保持较高的空气湿度，方能生长良好。生长旺季每1～2个月施一次稀薄液肥。夏季还可以选取半木质化枝条作插穗进行扦插繁殖，也可用芽插。浇水不能过多，否则易引起根系腐烂。对已着生花蕾和正在开花的植株，不能随意移动花盆，不然易引起落蕾落花。

秋季管理　秋季需保持较高空气湿度。花谢之后要任其自然凋落，不能将花茎

剪掉，只能摘除花朵及花梗，而不可损坏花序总梗。因为来年的花芽大都还会在同一处萌发，若将其剪除就会影响翌年的开花数量。这一点也正是许多培养球兰不开花或开花很少的一个原因。

冬季管理 除华南温暖地区外，盆栽需温室越冬，最低温度应保持10℃以上。冬季的浇水量要减少。冬春谨防蚜虫危害。

要诀 Point

球兰一年四季均可修剪，宜在晴天修剪枯枝、劣枝、妨碍株形的不必要枝条。在幼龄阶段应尽早摘心，以促进分枝、多长叶片。若环境过分干燥，球兰开花会受影响，叶片也会失去光泽。适宜的环境温度范围在60%～80%。此外，球兰根系发达，生长较快，若发现植株生长速度放缓，可能是根系已经长满花盆，需要更换大一点的花盆。

栽培日历

季节	月份	换盆	分株	扦插	遮阴	开花	施肥
春	3		●				●
	4	●	●				●
	5		●	●		●	●
夏	6			●	●	●	●
	7			●	●	●	●
	8			●	●	●	●
秋	9			●	●	●	
	10						
	11						
冬	12						
	1						
	2					●	

Adenium obesum

13. 沙漠玫瑰

- 俗名　天宝花、阿拉伯沙漠玫瑰、索马里沙漠玫瑰。
- 科属　夹竹桃科，沙漠玫瑰属。
- 产地　非洲的肯尼亚、坦桑尼亚、索马里等地。

形　态　多年生肉质植物，原产地可达3～4米高，盆栽仅高30～100厘米，茎秆粗壮、肉质肥厚，基部肥大如酒瓶，表皮光滑，淡青色至灰黄色。枝叶有透明乳汁，单叶互生，具短柄，长卵形，正面深绿有光泽，背面淡绿、粗糙。2～10朵花组成伞房花序聚集于分枝顶端，花色有红、桃红、粉红、白花红边等颜色，花期4—11月，在温室条件下几乎全年可开花，果实为长豆荚状角果，种子浅黄色，有白色茸毛。

习　性　喜温暖、干燥和阳光充足的环境，耐高温炎热和烈日暴晒，通风良好时可忍受40℃高温；喜干旱忌水湿，稍耐阴不耐寒，低于5℃易受冻；在疏松、肥沃，排水良好并含有适量石灰质的沙壤土中生长较好。

繁　殖　主要有播种、扦插、嫁接、高空压条等。

种　养 Point

春季管理　在生长期要保持充足的阳光，同时加强肥水管理，可每月施肥一次，花前增施富含钙、磷的复合肥，增加开花量。沙漠玫瑰花期较长，消耗养分较多，可适当补充一些浓度较低的速效性肥料。

夏季管理　盛夏强光照射时一般不需要遮阴，良好的日照有助于它开花生长。浇水时，要根据土壤状况，表土干后即可浇水，一般3天浇水一次，使盆土湿润不积水。如通风不良或盆内积水，植物易受软腐病和介壳虫危害，软腐病可用农用链霉素1000倍液或波尔多液150～200倍喷洒，介壳虫可用50%杀螟硫磷乳油1000倍液喷杀。

秋季管理　沙漠玫瑰株形不易控制，温度、水分和光照等条件发生变化时，极易徒长，影响观赏效果，为了使株形更优美，可通过修剪和嫁接使其观赏性更好。

冬季管理　冬季干旱季节，植物进行休眠，维持室温不低于10℃，并将植物放于朝南的窗台上，提供充足阳光的同时控制浇水，使其顺利越冬。

要　诀 Point

沙漠玫瑰的分枝多，开花数也就越多，要想多开花，可进行修剪和嫁接，促其多分株。

栽培日历

季节	月份	扦插	开花	休眠	结果	修剪	病虫害	施肥
春	3	●						●
	4	●	●			●		●
	5	●	●					●
夏	6		●				●	
	7		●		●		●	
	8		●		●		●	
秋	9	●	●		●	●		
	10	●	●		●	●		
	11	●	●		●	●		
冬	12			●				
	1			●				
	2			●				

Conophytum auriflorum

14. 肉锥花

- 科属　番杏科，肉锥花属。
- 产地　南非、纳米比亚。

形　态　小型肉质植物。无茎，植株为对生肉质叶组成的球状或圆锥体，顶部有深浅不一的裂缝，颜色为暗绿、翠绿、黄绿等，有些品种上还有花纹或斑点。花期晚秋。

习　性　喜凉爽干燥和阳光充足的环境，怕酷热、怕水涝、耐干旱、不耐寒。具有夏季高温休眠、冷凉季节生长的习性。

繁　殖　播种或者分株繁殖。

播种繁殖：可在秋季进行。播种土选用蛭石或者细沙3份、草炭土1份混合配制。肉锥花种子细小，播种后不需覆盖太多土壤，盖上塑料薄膜进行保湿。采用浸盆法浇水，出苗后及时去除塑料薄膜。

分株繁殖：家庭种植时，较密的株丛也可用分株繁殖。可在秋季结合换盆进行，把群生的植株用快刀切开，在伤口处涂草木灰或者木炭粉，晾晒5～7天后栽种。

种　养 Point

春季管理　春季是肉锥花的脱皮期，要停止施肥，控制浇水，使原来的老皮及早干枯，自然脱落。在脱皮基本结束时，可以追施一次复合肥，促进植株生长健壮。

夏季管理　夏季高温时，植株生长十分缓慢甚至停止生长，应放在半阴通风处养护，除非土壤极度干燥可少量浇水外，可以断水，使植株在干燥的状态下休眠，度过炎热的夏季。

秋季管理　秋季是肉锥花生长的旺季，温度和气候都较为适宜，此时也是换盆、栽种的最佳时节。换盆前最好有3～4天提前断水的时间，抖掉老土，修剪老根，不要伤及毛细根。可用腐叶土2份、粗河沙3份，掺入少量骨粉配制培养土，并在盆底放1～3厘米的粗石砾作为排水层。浇水要遵循“不干不浇，浇则浇透”的原则。每20天左右施一次腐熟的稀薄液肥。同时要保证充足的阳光。

冬季管理　保持充足的光照，可以放在室内阳光充足处。温度最低要保持在5℃以上，此时植株进入休眠状态，停止浇水，使其顺利越冬。

栽培日历

季节	月份	播种	换盆	分株	休眠	开花	施肥
春	3						
	4						
	5						
夏	6						
	7						
	8						
秋	9						
	10						
	11						
冬	12						
	1						
	2						

Seneciorowleyanus Jacobsen

15. 翡翠珠

• 别名　翡翠珠、绿串珠、佛球吊兰。
• 科属　菊科，千里光属。
• 产地　非洲西南部的干旱地区。

形　态　多年生肉质植物。秋季花朵开放。

习　性　喜温暖、阳光充足，生长适宜温度15～22℃，稍耐寒，冬季能耐0℃以上低温。但最好保持在10℃以上，在略阴及通风良好的环境中生长发育最佳。

繁　殖　主要采用扦插繁殖法。

种　养 Point

春季管理　翡翠珠根系浅，植株既细小又不耐湿。如盆深大、土多，长期处于潮湿状态，易烂根，故春季栽植时宜选用浅小的花盆。盆土可选用含腐殖质较多的腐叶土与河沙按6∶4混合，配成既疏松肥沃又透气透水的培养土。种植时可在盆底垫一层塑料泡沫碎块，增强透气排水，以防烂根。盆土用泥炭土与粗沙混合配制。日常浇水不宜多，一般盆土见干1/3后再浇水，春季为生长期，每半月追施稀薄肥一次。

夏季管理　夏季闷热潮湿，应加强通风降温管理，否则植株极易腐烂；同时植株不耐水湿，种植处应避雨淋。盛夏高温时节植株呈半休眠状态，应保持盆土干燥，并转移至阴凉通风处养护，否则植株极易腐烂，并常向地面洒水降温，不宜施肥。浇水以向叶蔓喷水为主，向根部浇水为辅，以微润为度，见盆土干时可浇些水，浇至见盆底出水即止。宁干勿湿是种植成败的关键。

秋季管理　秋季置于散射光充足处，避免中午前后阳光直晒。秋季各施一次氮磷钾肥，一般喷一次0.2%的磷酸二氢钾溶液即可。

冬季管理　冬季温度低，不宜施肥。要将其置于室内靠近窗户又能接受斜射光的地方，只要室温保持在0℃以上，便能安全越冬。

要诀 Point

最忌夏季闷热潮湿，应加强通风降温管理，否则植株极易腐烂；不耐水湿，种植场所应避雨淋。

栽培日历

季节	月份	换盆	扦插	休眠	开花	施肥
春	3					
	4					
	5					
夏	6					
	7					
	8					
秋	9					
	10					
	11					
冬	12					
	1					
	2					

该植物在原生地养成耐旱怕湿，以及冬、夏两季休眠的特殊习性和生长规律，因此在夏季和冬季不宜过多浇水。该植物在14～24℃的条件下生长最旺盛。而我国夏季很多地区气温多在30℃以上，不利其生长，最好能置于通风良好、具有足够散射光之处使之安全越夏。

Monstera deliciosa

16. 龟背竹

- 别名　蓬莱蕉、电线莲、铁丝兰、龟背蕉。
- 科属　天南星科，龟背竹属。
- 产地　墨西哥。

形　态　大型常绿蔓性多年生草本植物。

习　性　喜温暖、湿润及半阴的环境。不耐寒，冬季温度不低于5℃。忌强光暴晒和干燥，较耐阴。甚耐肥，适宜生长在富含腐殖质的土壤。

繁　殖　用扦插繁殖、分株繁殖和播种繁殖。

种　养 Point

春季管理　春季是换盆和繁殖的季节。重点要做好扦插繁殖工作，换盆土壤以腐叶土为主，适当掺入壤土及河沙。老植株要追肥，用一般的腐熟的饼肥即可，也可用0.2%的磷酸二氢钾稀释液喷洒叶面。

夏季管理　夏季要注意遮阴，不可暴晒，否则会引起叶片失去光泽，甚至灼伤。盆栽应置于半阴处养护，要多浇水，并经常进行叶面喷水，保持环境的空气湿度。每半月施一次腐熟的饼肥，注意不要把肥水浇到叶面上，以免叶片腐烂，影响其观赏效果。

秋季管理　秋季要继续防晒，继续遮阴，要经常给叶面喷水，保持环境的空气湿度。保持宁湿勿干的浇水原则，将春季扦插的苗子上盆分栽，并进行遮阴养护。初栽时应设架支撑，定型后注意整枝修剪和更新。

冬季管理　冬天应置光线明亮处，如果长期放置在光线过暗的环境，叶片会长得偏小，而叶柄又显得细长。冬季还要减少浇水，保持盆土稍干以提高抗寒力。温度保持在5℃以上。在北方要进温室养护栽培，由于室内空气不流通和长期干燥容易引起叶斑病、灰斑病及茎枯病，可用65%代森锌可湿性粉剂600倍液喷洒。介壳虫是最常见的虫害，用旧牙刷清洗叶面后，再用40%氧化乐果乳油1000倍液喷杀。

要 诀 Point

❶ 不可暴晒，否则会引起叶片失去光泽，甚至灼伤。

❷ 长期放置在光线过暗的环境，叶片会长得偏小，而叶柄又显得细长。

❸ 茎节叶片生长过于稠密，枝蔓生长过快时注意修剪整株。

栽培 日历

季节	月份	扦插	压条	开花	结果	施肥	换盆	观赏
春	3						✓	✓
	4	✓	✓			✓	✓	✓
	5	✓	✓			✓		✓
夏	6		✓			✓		✓
	7		✓	✓		✓		✓
	8		✓	✓		✓		✓
秋	9	✓		✓		✓		✓
	10	✓			✓			✓
	11				✓			✓
冬	12							✓
	1							✓
	2							✓

分株繁殖在夏秋进行，将大型的龟背竹的侧枝整段劈下，带部分气生根，直接栽植于木桶或钵内，不仅成活率高，而且成形效果快。

Asparagus plumosus

17. 文　竹

- 别名　云片竹、刺天冬。
- 科属　百合科，天门冬属。
- 产地　南非。

形　态　多年生蔓性常绿亚灌木。

习　性　喜温暖，不耐寒，越冬应在5℃以上，低于3℃茎叶会冻死。喜湿润，忌积水，不耐干旱，盆土过湿会烂根落叶。较耐阴，怕强烈阳光直射。要求肥沃、透气、排水良好的沙壤土。

繁　殖　多采用播种法和分株法进行繁殖。

种　养 Point

春季管理　春季是最佳繁殖季节，一般用播种法和分株法进行繁殖。

夏季管理　文竹夏季养护管理的关键是浇水，生长期要均衡浇水，始终保持盆土适度湿润，不能过湿，更不能干旱，否则都会造成黄叶。文竹较喜肥，生长期每个月追施1～2次薄肥。开花后要停止追肥，适当控水，不要让雨水淋着，文竹在半阴条件下生长最佳，夏季应放在没有阳光直射的地方养护。光照太强，温度过高，空气过于干燥均会造成叶片枯黄。夏季易发生介壳虫和蚜虫危害，可用40%氧化乐果乳油1000倍液喷杀。

秋季管理　此季节可以适当给予光照，以使文竹叶色苍翠。莳养多年的老植株，大多枝叶密集，株形高而散乱，叶色暗淡泛黄，为控制植株高度和促进生长繁茂，可在生长期间从根茎处剪掉全部枝丛，促使其重新从根际萌发新的枝叶，这样得到的新枝将长势旺盛。要继续施肥，也要适当遮阴，防止灰霉病、叶枯病危害叶片，可用50%托布津可湿性粉剂1000倍液喷洒。

冬季管理 入冬后应减少浇水，停止施肥，保持温度在5℃以上。如果温度低于3℃，整个植株就会冻死，注意不能让盆土干燥或渍水，两者都会引起叶片泛黄。重者会发生根腐病。尽量多见阳光。

解惑 Point

文竹焦尖是什么原因引起的?

文竹性喜温暖、湿润、半阴的环境。文竹对水分的吸收、输送缓慢，不耐水涝，若遇干热空气或太阳直射，往往会使幼嫩枝梢里的水分迅速蒸腾，根部未能及时补充水分，以致文竹叶面变黄或叶梢干枯。文竹最好放置在半阴处为宜。

栽培日历

季节	月份	播种	扦插	分株	定植	开花	结果	换盆	浇水	施肥	病虫害	观赏
春	3	●	●	●	●			●			●	●
	4		●	●	●	●		●			●	●
	5					●			●	●	●	●
夏	6					●			●	●	●	●
	7					●			●	●	●	●
	8					●			●	●	●	●
秋	9			●	●	●			●	●		●
	10			●		●			●	●		●
	11						●					●
冬	12						●					●
	1						●					●
	2	●					●					●

喜温暖，不耐寒。一般寒露以后天气转冷，盆栽文竹可在10月中旬左右搬回室内越冬。

Rosa chinensis

18. 月　季

- 别名　长春花、月月红、四季花。
- 科属　蔷薇科，蔷薇属。
- 产地　原产我国，各国多有栽培。

形　态　半常绿或常绿灌木。花期长，从4月下旬至10月。

习　性　喜温暖和阳光，怕热，炎夏酷暑则开花少、花瓣单薄、花色暗淡无光。春秋气候最为相宜，生长兴旺，花开不断，花色艳丽，富有光泽。其最适温度白天为20～25℃，夜间为12～15℃，对环境的适应性很强。栽培用土要求富含大量有机质，而且疏松肥沃、湿润透气、排水性能良好、保水保肥力强的微酸性土壤。

繁　殖　多用播种、扦插和嫁接的方法进行繁殖。

要　诀 Point

春季管理　早春萌芽前进行栽植，大株栽前进行强剪，因为月季是在当年生的新枝条上开花，要使月季保持生长活力，就要不断修剪，并及时疏蕾，疏去侧蕾。花后及时剪除花枝上部，下部留两三个芽，保证下次开花有足够的花枝。通常情况下，生育期每隔10天左右施一次腐熟的稀薄饼肥水，孕蕾开花期加施1～2次速效性磷钾肥。

夏季管理　月季喜光，日照每天至少要在5小时以上。当温度超过30℃时，月季生长受到抑制，开花小、花色暗淡，花期短。这时缺水会影响秋季开花。在充分浇水的同时，中午前后注意适当遮阴，并向周围地面洒水降温。摘掉花小色淡的花蕾，伏天不施肥。

秋季管理　秋季随着气温降低，开花逐渐增多，应注意修剪和施肥。可增施磷、钾肥，减少氮肥，控制新枝生长，如果枝叶发生徒长也会造成开花少且花朵变小，应注意及时修剪和合理浇水，使植株生长健壮，以利越冬。

冬季管理　温度在5℃以下即进入休眠期，停止生长。最好在休眠末期，腋芽开始膨胀时完成修剪。二年生以上月季主要从基部剪除枯枝、病虫枝、交叉枝，并喷波尔多液防病。病虫害冬季防治是关键。冬末春初应采取低温防护措施。

病虫害　易患黑斑病和白粉病，可喷洒波尔多液防治；虫害有叶蜂、蚜虫等，可用乐果、溴氰菊酯防治。冬季注意修剪病虫枝。

要诀 Point

❶ 通过调控光照控制月季花期，适时补光可以使开花日期大幅度提前。

❷ 月季有三肥：三月还春肥，九月还秋肥，尾月（指十二月）越冬肥。

❸ 夏季温度高，修剪量要小。如超过30℃时则植株徒长，尤其对花蕾的形成和发育不利，5℃以下停止生长。

栽培日历

季节	月份	扦插	嫁接	定植	开花	施肥	修剪	病虫害	观赏
春	3	●				●			
	4			●	●	●			
	5		●	●	●			●	●
夏	6	●	●	●	●		●	●	●
	7	●			●		●	●	●
	8	●			●			●	●
秋	9	●	●	●	●	●		●	●
	10	●	●	●	●	●		●	●
	11						●		●
冬	12					●	●		
	1					●	●		
	2								

Ixora chinensis

19. 龙船花

• 别名　仙丹花、英丹、卖子木、山丹。

• 科属　茜草科，龙船花属。

• 产地　我国南部地区。

形　态　常绿小灌木。株高0.8～2米。小枝初时深褐色，有光泽，老时呈灰色，具线条。叶对生，披针形、长圆状披针形至长圆状倒披针形。花序顶生，多花，具短总花梗，花冠红色或红黄色。花期5—7月。

习　性　喜高温多湿和阳光充足环境。不耐寒，耐半阴，怕强光暴晒和积水。宜肥沃、疏松和排水良好的酸性土壤。

繁　殖　主要用播种和扦插繁殖。播种则冬季采种，翌年春播，发芽适温24～28℃，播后20～25天发芽，长出3～4对叶时盆栽。扦插以6—7月最好，选取10～15厘米的半木质化枝条，长插入沙床，保持沙土湿润，30天生根。

种　养 Point

盆栽土用酸性腐叶土加粗沙、骨粉等。每2年换盆一次，并整形修剪，剪除弱枝和徒长枝，控制植株高度，生长期每月施肥一次，5月中旬至现蕾追施2～3次氮磷混合肥，花期追施磷肥。幼苗盆栽，用12厘米口径盆，苗高30厘米时应摘心，促使多发侧枝。冬季放室内栽培，在光照充足和室温20℃条件下，可继续开花。

病虫害　常发生叶斑病和炭疽病，可用抗菌剂401（10%醋酸溶液）1000倍液喷洒。虫害有介壳虫，可用40%氧化乐果乳油100倍液喷杀。

要 诀 Point

❶ 冬季温度不得低于5℃，并严格控制浇水量。

❷ 浇水不要淋在花上，否则会缩短花期。

❸ 通过摘心拦头促发分枝，分枝愈多，花头亦愈多，株形也愈丰满。

栽培 日历

季节	月份	播种	扦插	开花	换盆	浇水	施肥	修剪	病虫害	观赏
	3	✓				✓		✓		
春	4					✓		✓		
	5			✓	✓	✓	✓		✓	✓
	6		✓	✓		✓	✓		✓	✓
夏	7		✓	✓		✓	✓		✓	✓
	8					✓	✓		✓	✓
	9					✓	✓		✓	✓
秋	10					✓			✓	✓
	11					✓			✓	✓
	12					✓			✓	✓
冬	1									
	2									

龙船花喜湿怕干，保持盆土湿润，有利于枝梢萌发和叶片生长。过于湿润，容易引起烂根，影响生长和开花。

Tropatolum majus

20. 旱金莲

- 别名　金莲花、旱荷花、荷叶莲、金丝荷花等。
- 科属　旱金莲科，旱金莲属。
- 产地　美洲墨西哥、智利等国。

形　态　一、二年生或多年生蔓性肉质草本花卉。

习　性　旱金莲性不耐寒，喜温暖湿润及日光充足的环境。它不耐强光直射，耐半阴，忌高温干燥和过湿雨涝，要求富含腐殖质、疏松、排水良好的沙壤土。茎叶的趋光性较强。

繁　殖　旱金莲以种子繁殖为主，亦可扦插繁殖。

种　养 Point

苗长到10厘米左右时，连营养钵起苗，定植于口径约20厘米的花盆中，每盆栽2～3株，同时摘心拦头，促发分枝。培养土用腐叶土、园土与河沙按4：2：1比例混合配制。在栽培过程中，要注意水分和光照的调节。旱金莲茎肉质多汁，根系发达，比较耐旱，浇水要干湿结合，并保持较高的空气湿度，盆土过干或过湿均会引起老叶枯黄。施肥量要适度，一般不施基肥，在生长过程仅追施3～4次液态肥。如果土壤肥力过度，会导致枝叶生长旺盛而开花不良。

作一年露地栽培时，夏季要适度遮阴，最好在半阴条件下养护，可以保持枝叶翠绿、花色艳丽。如果过于高温干旱，将导致植株长势衰弱、叶黄花少。可以采取重度修剪的办法进行扶壮，即从茎基部3～4节处剪去地上部分，然后加强水肥管理，促发新枝，9—10月可以再次开花。

作温室栽培时，冬季要有充足的光照，最低温度不可低于10℃。

旱金莲易受到粉虱危害，可用40%乐果的1500倍液喷杀。

要诀 Point

❶ 旱金莲在栽培过程中，不宜移栽，以采取营养钵直播育苗为佳。

❷ 合理调节水分，干湿结合，增加空气湿度，否则易出现老叶枯黄或根茎腐烂。

❸ 适度控制施肥量，过肥易引起枝叶徒长，影响开花。

栽培日历

季节	月份	播种	扦插	分株	开花	结果	浇水	施肥	除草	病虫害	观赏
春	3	✓					✓				
	4	✓	✓				✓				
	5	✓	✓				✓	✓	✓		
夏	6	✓	✓		✓		✓	✓	✓	✓	✓
	7				✓		✓	✓	✓	✓	✓
	8	✓			✓	✓	✓	✓		✓	✓
秋	9	✓		✓	✓	✓	✓	✓			✓
	10	✓		✓	✓		✓				✓
	11						✓	✓			
冬	12										
	1										
	2										

喜光性植物，冬季于室内栽培时，阳光充足，开花不断；夏季开花时，适当遮阳，可延长观赏花期。

冬

senecio xhybridus

1. 瓜叶菊

• 别名　富贵菊、生荷留兰、千日莲。

• 科属　菊科，瓜叶菊属。

• 产地　大西洋加那利群岛。

形　态　瓜叶菊为多年生草本，在我国常作为一、二年生温室草本花卉栽培。

习　性　瓜叶菊性喜温暖湿润、通风凉爽的环境。它冬不耐严寒，夏又惧高温，通常栽培在低温温室内，最适宜生长的温度为10～18℃。要求光照充足，在肥沃、疏松及排水良好的土壤条件下生长良好，忌强光、高温和积水湿涝。

繁　殖　瓜叶菊的繁殖以播种繁殖为主，极少扦插。播种繁殖，每年2—9月均可，主要视所需花期而定，一般选择7—8月为宜。

种养 Point

瓜叶菊喜肥，但施用大肥或未腐熟的肥料会使植株生长不良，叶面出现凹凸不平，因此施肥时应薄肥勤施。除在培养土中添加10%的有机质基肥外，过完处暑，天气较凉后，开始施液态追肥，每隔10天追一次，直至开花前。当叶片长到3～4层时，每周用0.1%～0.2%的磷酸二氢钾溶液喷施叶面，进行根叶追肥，以促进花芽分化，提高开花品质。在寒露之后，必须移入温室培养，并提供充足的光照，但要控制温度和浇水量。幼苗期生长适温为7～10℃，生长期的最适温度为16～21℃，现蕾后控制在7～13℃比较适宜。当叶片出现临时凋萎时再浇水，并适宜“蹲苗”，能有效控制植株高度和提高着花率。

在幼苗期，由于气温高、土壤过

湿，易发生白粉病，可用稀释1000倍的50%代森铵防治。

在现蕾至开花期，虫害十分严重。主要的害虫是蚜虫和红蜘蛛，可用1500～2000倍的乐果稀释液喷杀或50%压蚜松2000倍稀释液喷雾。

要诀 Point

❶ 瓜叶菊的播种育苗比较困难，要注意以下几点：一是宜用播种盆播种，覆土不能深，要用浸盆法进行浇灌；二是播种盆和播种用土要严格消毒，忌雨淋；三是育苗期要遮阴，并加强通风。

❷ 栽培过程中须移苗栽植三次以上。

❸ 在生长期，控制室温和“蹲苗”，是防止植株徒长和提高着花率的关键。

❹ 瓜叶菊生长期间忌煤烟、油烟、灰尘危害，尤其对煤烟、油烟敏感，稍有不慎，即导致叶片卷曲。

栽培日历

季节	月份	播种	扦插	开花	结果	浇水	施肥	病虫害	观赏
春	3	●		●				●	●
	4	●		●	●			●	●
	5	●	●	●	●	●	●		●
夏	6	●	●		●		●	●	
	7	●			●		●	●	
	8	●			●	●	●	●	
秋	9	●			●	●	●		
	10	●			●	●	●		
	11			●					●
冬	12			●					●
	1			●					●
	2	●		●					●

开花期间置于8～10℃冷凉环境中，可使叶茂花繁，花期延续30～40天。

Primala malacoides

2. 报春花

- 别名　樱草、年景花。
- 科属　报春科，报春花属。
- 产地　中国的云南、贵州和广西本部（隆林）。

形　态　低矮宿根草本花卉，园艺上多作一、二年生草本花卉栽培。

习　性　报春花性喜阴凉、湿润及通风良好的环境。不耐炎热，亦不耐严寒，要求排水良好而含有丰富腐殖质的土壤，以中性或微碱性为宜。

繁　殖　报春花的繁殖以播种繁殖为主，也可分株繁殖。

种　养 Point

栽植报春花的培养土，传统用腐叶土、园土、厩肥和河沙按5∶3∶2∶1的比例混合配制，并添加少量石灰，以调节土壤的酸碱度。

报春花不耐高温。当夏季温度超过25℃时，植株的生长发育将受到影响而进入半休眠状态，这时，要采取适度遮阴、加强通风、控制浇水量、停止追肥、摘除全部花蕾等措施，以减少养分消耗，确保安全越夏。立秋后，要加大浇水量，恢复追肥，入冬后即可再度开花。

报春花喜肥，在生长期要勤施水肥，从定植到开花前要每隔10天追施一次。以充分腐熟的豆饼水为好，少施人粪尿，并加施2‰浓度的过磷酸钾2次，以提高土壤中钙和钾的含量，这将十分有利于植株的生长发育。施肥时，要尽量避免将肥水直接浇在叶片和花朵上，否则会导致叶片枯焦。

在报春花的生长期，如遇低温和土壤过湿，易生白粉病，可用50%的代森锌稀释1000倍后防治。如遇高温干旱，则易滋生蚜虫和红蜘蛛，可用稀释1500～2000倍的乐果水溶液喷杀，或用50%的灭蚜松稀释2000倍后喷雾。

要诀 Point

❶ 报春花种子的寿命一般较短，以采种后立即播种为宜，如不及时播种，应在干燥低温条件下贮藏备用。

❷ 报春花不耐高温，当气温达到25℃以上时，其生长发育会停滞，因此，在培育过程中应保持凉爽的环境。

❸ 由于报春花较耐阴及水湿，夏季管理要适度遮阴，时常浇水，保持土壤湿润。

❹ 栽培土壤中要掺入少量石灰，防止土壤酸性过强，影响叶片正常生长而出现失绿泛黄现象。

❺ 开花期间要进行人工辅助授粉，以提高结实率。

栽培日历

季节	月份	播种	分株	定植	开花	结果	浇水	施肥	观赏
春	3								
	4								
	5								
夏	6								
	7								
	8								
秋	9								
	10								
	11								
冬	12								
	1								
	2								

Narcissus tazetta var. *chinensis*

3. 中国水仙

- 别名　凌波仙子、金盏银台、天葱、雅蒜。
- 科属　石蒜科，水仙属。
- 产地　中国、日本。

形　态　多年生草本植物，花期1—2月。

习　性　喜温暖、湿润和阳光充足的环境。耐寒，在我国华北地区不需保护即可露地越冬。对土壤适应性较强，但以土层深厚疏松、湿润而不积水的土壤生长最好。生长发育规律具有秋季生长、冬季开花、春季长球、夏季休眠的特点。

种 养 Point

盆　栽　9—10月选用大鳞茎球，每盆种1株。盆土用腐叶土与河沙混合，盆底垫施有机堆肥，种后覆土2～3厘米厚。置于阳光充足处养护，霜降后转入室内，放置在朝南的窗台上，加强肥水管理，可使其冬季开花。

水　养　首先剥去鳞茎球的褐色表皮，用锋利刀具将球茎顶部切割一个“十”字形开口，以帮助鳞茎内的芽抽出，注意勿伤芽茎。然后用清水浸泡一天，取出揩净切口流出的黏液，再用脱脂棉花敷于切口和根基，这样既利吸水保湿、促进生长，又可避免造成切口和须根焦黄而影响美观。最后，将球茎搁置水盘中，四周铺垫一些小河卵石固定球茎，灌入清水至鳞茎基部，注意防止水面浸过鳞茎雕刻过的伤口部位，避免伤口因浸水而腐烂。初期3～5天，放置在阴暗处，促进根系生长，根系长至3厘米时，放置在室内向阳的窗口处，室温保持10～15℃。

解惑 Point

如何挑选水仙球?

❶ 问装。“装”是指水仙鳞茎球的包装，彰州水仙球的大小是按“装”计算的。直径为8厘米以上的为一级，每箱装20球，叫“20装”；此外还有30装、50装等不同的规格。一般来说，每箱装的个数越少，水仙球越大，开花数量就越多。

❷ 量周长。是指用皮尺量水仙球主球周围的长度，一般20装的主球周围长为25～35厘米，50装的主球周围长仅19～20厘米。

❸ 看形。优质水仙球外形扁、坚实呈扇形，顶芽外露而饱满，基部鳞茎盘宽而肥厚，下凹较深，同时在鳞茎两侧生有一对对称的小鳞茎。

❹ 观色。水仙球色彩要鲜明，外层膜呈深褐色，包膜完整、鳞皮纵纹距离宽为优。外皮浅褐色的鳞茎大多不够成熟，开花少或不能开花。

❺ 按压。用拇指和食指捏住水仙球前后两侧稍用力按压，内部具有柱状物，且有坚实弹性感的就是花芽。花球坚实，有一定重量，说明花球贮藏了较多养分，日后定能开花。

栽培日历

季节	月份	分球	定植	开花	施肥	起球
	3					
春	4					
	5					
	6					
夏	7					
	8					
	9					
秋	10					
	11					
	12					
冬	1					
	2					

Cylamen persicum

4. 仙客来

- 别　名　一品冠、兔耳花、萝卜海棠。
- 科　属　报春花科，仙客来属。
- 产　地　地中海沿岸的叙利亚到希腊一带的山地。

形　态　株形别致，花色艳丽，花形奇特诱人，叶形规正，具有斑纹，为世界著名的温室花卉。花期10月至翌年4月。

习　性　性喜温湿、凉爽和阳光充足的环境，夏季休眠。既怕高温，又惧严寒，忌强光直射。适宜生长温度为10～25℃，若气温达35℃以上，则根茎易腐烂枯死。

繁　殖　仙客来一般采用播种繁殖和割切种球法繁殖。割切种球法繁殖易使植株腐烂，一般不采用。播种繁殖一般在9—10月将种子均匀地播撒在苗床上，覆土约0.5厘米深，保持盆土湿润，放置阴凉处，温度维持在15～20℃，5～6周即可发芽。

种　养 Point

基　质　仙客来喜疏松、肥沃的酸性土壤。盆栽可用腐叶土、发酵粪肥、河沙配制培养土。

浇　水　初栽后盆土不要太湿，稍有湿气即可。以后根据植株发芽情况再逐渐增加浇水次数，浇水尽量避免洒到花和叶子上，应浇其根部。

施　肥　仙客来喜肥，但花期不施氮肥，生长季可每周施一次薄肥，切忌重肥，否则易导致根茎腐烂。

激素处理　于幼蕾期用1毫克/千克的赤霉素喷洒，每天喷1～3次即可，可提早开花。

病虫害　主要有根结线虫病、灰霉病、病毒病、棉蚜、桃蚜等。

要诀 Point

❶ 保持盆土湿润和叶面清洁，避免烈日直射，保持环境通风。

❷ 室内养护时，要与暖气和空调保持一定的距离。

❸ 施肥和浇水时，要避免淹没球顶，否则顶芽容易腐烂。每次施肥后还应用清水冲洗一次。

❹ 仙客来成年球茎一般12月初开花，翌年2—3月到达盛花期。开花后置于温度较低处可延长花期。

❺ 仙客来7月即进入休眠期，须置于通风良好、阴凉的环境，最高温度不超过30℃，减少浇水，避免雨淋。

栽培日历

季节	月份	播种	球茎分割	休眠	换盆	开花	施肥
春	3						
	4						
	5						
夏	6						
	7						
	8						
秋	9						
	10						
	11						
冬	12						
	1						
	2						

Clivia miniata.

5. 君子兰

- 别名　剑叶石蒜、大叶石蒜。
- 科属　石蒜科，君子兰属。
- 产地　南非。

形　态　多年生常绿肉质宿根草本植物，花期为春夏季，有时冬季也可开花。

习　性　喜冬天无严寒、夏天无酷暑的温和气候，适宜生长温度15～25℃。要求明亮散射光，忌夏季直射阳光。适于疏松、肥沃、腐殖质含量丰富的土壤。

繁　殖　播种繁殖，亦可分株繁殖。

种　养 Point

基　质　用腐叶土（或泥炭土）、河沙（或炉碴）和有机堆肥按5∶3∶1的比例混合配制培养土。

温　度　君子兰畏寒，气温低于10℃时，植株长势趋缓，如果降到0℃以下，会引起植株冻害。因此，君子兰入秋后必须转入温室或室内进行防寒养护，要保持室温在10℃以上，同时还应注意增加日照和加强通风。

高温（超过30℃）会导致叶片发黄，抑制生长，对君子兰的生长极为不利。必须采取遮阳降温措施，避免暴晒，最好放置在通风、凉爽的半阴处养护。浇水量要适中，保持盆土不干不湿。许多养花者喜欢给叶片喷水，这样会使多余的水分流到叶基的假鳞茎内，容易导致植株的根茎腐烂。

光　照　家庭莳养君子兰时常出现叶片生长左右倾斜而破坏株形美观，为此必须每3～5天按180°角转换花盆方向一次，尽量使君子兰各个侧面受光照强度均匀一致。

要 诀 Point

❶ 忌盆土积水，否则引起黄叶、烂根。

❷ 肥水不宜浇进株心和叶柄内，以免造成茎叶腐烂。

❸ 夏季需遮阴，春、秋、冬三季应充分接受日照。

❹ 夏季要通风降温，湿热易引起病害。

解 惑 Point

君子兰莳养时常会出现花葶夹在叶缝中长不出来的问题，严重影响观赏效果，这种现象俗称“夹箭”。

如何防止夹箭呢?

❶ 冬季室温保持在15℃以上，并加大昼夜温差。

❷ 抽花葶时，要保证充足的水分供给，以确保其旺盛生长。

❸ 花前追施0.1%尿素和0.5%的磷酸二氢钾的混合肥水，以促进花芽形成和开花。

❹ 每年在春季（或秋季）换盆，以刺激植株旺盛生长。

栽培日历

季节	月份	播种	分株	开花	结果	换盆	浇水	施肥	病虫害	观赏
春	3									
	4									
	5									
夏	6									
	7									
	8									
秋	9									
	10									
	11									
冬	12									
	1									
	2									

Citrus medica var. *sarcodactylis*

6. 佛 手

• 别名　五指柑、佛手柑、佛指香橼。

• 科属　芸香科，柑橘属。

• 产地　原产我国广东、广西、台湾、福建、浙江等省区。

形　态　常绿小乔木或灌木。以观果为主，果实似手指状肉条。

习　性　喜阳光和温暖湿润的气候，不耐寒，不耐阴，又怕强烈日光。生长最适温度25～35℃。喜透气性好、疏松、肥沃、湿润、排水性好的酸性沙壤土。

繁　殖　可扦插、嫁接和压条繁殖。

种　养 Point

佛手的栽培用土，可加入硫酸亚铁。佛手喜肥，如不及时施肥或少施肥就会落花、落果，但施肥不可过浓。施肥应分四个阶段。春梢生长期，3月下旬至6月上旬，每周施淡肥1次。生长旺盛期，即盛花期和结果期，6月中旬至7月中旬，结合浇水，每3～5天施一次磷钾肥，可以稍浓些。果实生长期，7月下旬至9月下旬，施复合肥。成熟收获期，结合浇水施稀薄液肥，以恢复树势，促使花芽分化及保暖越冬。

春季管理　换盆时间应在早春。更换新土、施用底肥前，要酌情修整根系，去掉枯根、烂根、过长根，并剪去枯枝、病虫枝、纤弱枝及扰乱树形的枝条。3—5月结的“春果”占一年结果的35%左右，欠美观，需及时疏掉。

夏季管理　6月多雨，需及时排除积水。高温期间每天早晚要向枝叶喷水，以降低温度，增加湿度。7—8月高温干旱季节，要早晚浇水、部分遮阴，长时间暴晒会引起灼伤与落叶。6—8月中旬结的“伏果”占全年结果的55%，可持续观赏至秋季。这个时期是佛手一年中生长的旺盛时期，其果枝短壮而充实，似莲花状。

秋季管理　秋梢是在“立秋”后抽发的枝梢，生长粗壮，组织充实，多留作第二年的结果母枝。对秋梢加强管理、注意保护是佛手多开花、多坐果的关键之一。8月中旬开花坐的“秋果”是一年结果的10%。生长期长，果形差，应剪除。秋季应加强肥水管理以增强树势，提高植株本身的抗寒力，特别应注意增施磷钾肥，促进枝条老化，以利越冬管理。

冬季管理　佛手在10℃以下停止生长，0℃左右嫩梢与叶片受冻害，越冬管理不当会造成大量落叶，影响花芽分化，严重影响第二年的坐果与产量。因此需在晚秋霜冻前入室。温度保持5～15℃，放在阳光能照射到的地方，并注意开窗通风。每隔2～3天用10℃的温水喷洒叶面，保持盆土湿度在50%左右，干了应及时浇水。立春前上午浇水，立春后下午浇水，冬季不施肥。一般在清明到谷雨之间出室。

病虫害　常见病害有炭疽病、煤污病，常见虫害有柑橘凤蝶、介壳虫、红蜘蛛等，需及时防治。可采取人工捕杀叶片和枝干上的卵、幼虫及蛹；幼虫发生期喷敌百虫和敌敌畏防治。

栽培日历

季节	月份	扦插	嫁接	修剪	观赏
春	3				
	4				
	5				
夏	6				
	7				
	8				
秋	9				
	10				
	11				
冬	12				
	1				
	2				

Ardisia crenata

7. 朱砂根

- 别名　金玉满堂。
- 科属　紫金牛科，紫金牛属。
- 产地　中国、日本及东南亚各地。

形　态　朱砂根为常绿矮小灌木，伞状花序，生于植株下半部，掩映在枝叶间，花瓣白色，略带粉红色，盛开时反卷。红色球形浆果，开始淡绿色，成熟时鲜红色，结于全株下半部环状枝叶间。花期5—6月，果期10—12月，株形优美，常绿，正值春节时，红果累累。

习　性　朱砂根适宜温暖、湿润、半燥、半阴环境，生长适温为16～28℃，忌干旱。

繁　殖　朱砂根的繁殖方法主要采用播种法和扦插法，还可以压条繁殖。

种　养 Point

栽培朱砂根要求通风及排水良好的肥沃土壤。夏、秋两季进行盆栽，充分浇一次透水，置于通风半阴散光处。换盆所用的培养土可选园土及炉渣按3：1混合，或者园土及中粗河沙、锯末按4：1：2混合，还可选用水稻土、塘泥、腐叶土中的一种。

4—10月每月施液肥1～2次，新梢长至8厘米以上时去顶摘心，促进分枝。如枝条细弱，3月时可修剪至离土面8～10厘米，随即追肥，植株重新萌发后可变粗壮。

要　诀 Point

❶ 种养朱砂根时如发现叶片黄化、脱落，上部叶片无光泽时，就要注意空气相对湿度是否过低，空气相对湿度在50%～70%为宜。

❷ 冬季朱砂根的生长温度需在8℃以上。朱砂根对光线适应能力较强。

❸ 在室内养护1个月后，需要搬到室外遮阴处，交替调换养护位置。

❹ 盆栽植株在上盆时需添加有机肥料，平日养护过程中还需适当地给予肥水，薄肥多施。

❺ 春、夏、秋是朱砂根生长旺季，间隔4天交替施用花肥和清水，注意晴天高温期施水肥间隔周期短，阴雨低温期间隔周期长。

解惑 Point

如何做好朱砂根冬季养护?

朱砂根在冬季进入休眠或半休眠期，可将其移入室内越冬，春节观果。冬季室温需保持5℃以上。主要做好控肥控水工作。间隔7天交替施用花肥和清水，视实际温度而定。

入冬以后开春以前，照上述方法再施肥一次，不用浇水。冬季要把瘦弱枝、病虫枝、枯枝、过密枝剪掉。可结合扦插对枝条进行整理。

栽培 日历

季节	月份	播种	扦插	换盆	开花	结果	施肥	病虫害	观赏
	3								
春	4								
	5								
	6								
夏	7								
	8								
	9								
秋	10								
	11								
	12								
冬	1								
	2								

Fortunella margarita

8. 金　橘

- 别名　金弹、牛奶金柑、枣橘、金枣。
- 科属　芸香科，金柑属。
- 产地　原产我国南部温暖地区。

形　态　常绿灌木或小乔木，花期4—5月，果期10—11月。

习　性　喜光照充足、温暖湿润环境，亦稍耐阴，较耐旱和耐寒，忌霜冻，适生于土层深厚、肥沃、疏松、排水良好的微酸性沙壤土，但也耐贫瘠。喜肥，适应性和抗病性都强。

繁　殖　实生苗开花结实晚，多用嫁接繁殖。

种　养 Point

春季管理　修剪是金橘栽培重要的一环。每年应于春芽尚未萌发时进行一次重剪，剪去枯枝、病虫枝、过密枝和徒长枝。保留3～4个头年生枝条，再每枝留2～3个芽进行短截。待新梢长至15～20厘米长时进行摘心，这样，金橘株形优美，结果多。金橘每年春季抽生枝条，5—6月由当年生春梢萌发结果枝，自结果枝的叶腋开花结果，所以不能剪除春梢。从新芽萌发开始到开花前为止，可每隔7～10天施1次薄肥水。

夏季管理　入夏之后，宜多施磷肥。开花时需追肥保花，并适当疏花。芽接可在6—9月进行，易成活。盆栽金橘常用靠接法，应提前一年盆栽砧木，在4—7月靠接，接穗选二年生健壮枝条。

秋季管理　金橘坐果后，按树势强弱应疏果一次，限定每枝上结果2～3个或更多，并及时抹除秋梢，避免二次结果，以利果型大小、成熟程度一致，提高观赏价值。盆栽金橘秋冬移入室内养护。

冬季管理　放在阳光充足的地方越冬，注意通风换气。冬季浇水要适量，天冷控制浇水，盆土发白时才浇。叶面必须保持清洁，可用温水清洗叶面，以免灰尘污染。春节观赏之后，应及时将果实采摘掉，以免消耗养分，影响以后生长。采果后应施腐熟液肥，以恢复树势。

病虫害　常见虫害有柑橘凤蝶、介壳虫、红蜘蛛等，发生期喷敌百虫和敌敌畏防治。多菌灵、百菌清等可防治炭疽病、煤污病等病害。

要诀 Point

❶ 盆栽应放在日光充足处养护，每隔2年换盆1次，同时修整树形。

❷ 金橘喜湿润但忌积水，盆土过湿容易烂根，最好用砖将花盆垫起。夏、秋季节干旱，常导致落叶，可在盆周围喷水，增加湿度。

❸ 最适温度为23～29℃，低于−5℃时易发生冻害。

❹ 金橘喜肥，换盆时应施足基肥，换盆后需浇一次透水。

栽培日历

季节	月份	嫁接	开花	修剪	结果	施肥	观赏
春	3						
	4						
	5						
夏	6						
	7						
	8						
秋	9						
	10						
	11						
冬	12						
	1						
	2						

Tropatolum majus

9. 红　掌

- 别名　安祖花、火鹤花。
- 科属　天南星科，花烛属。
- 产地　原产于南美洲热带雨林地区，现在欧洲、亚洲、非洲都有种植。

形　态　红掌为多年生常绿草本花卉，肉质根，叶从根茎抽出，有绿色心形叶。花腋生，佛焰苞蜡质，花蕊长而尖，四季开花。

习　性　红掌喜多湿温暖环境，怕旱、忌晒、畏寒。适宜生长温度为21～32℃。

繁　殖　可用播种、分株、扦插繁殖。

种　养 Point

基　质　红掌的土壤基质需消毒处理，在盆下部放置4～5厘米厚颗粒状的碎石物，加盖养土2～3厘米厚，将植株正放于盆中央，填充培养土至盆面即可。注意需露出植株中心的生长点及基部的小叶。种植后必须及时喷施抑菌剂，以防止疫霉病和腐霉病的发生。

光　照　红掌属耐阴植物，忌阳光直射。晴天应遮掉75%的光照，早晨、傍晚或阴雨天不用遮光。红掌在营养生长阶段对光照要求高，需增加光照，促使其生长。开花期间对光照要求低，需遮光以防止花苞变色，影响观赏。

浇　水　红掌幼苗不耐干旱，每天喷水2～3次。红掌中、大苗期植株生长快，水分供应必须充足。红掌开花期应适当减少浇水，增施磷钾肥。高温时浇水应注意避免水珠在叶面长时间停留，防止叶面灼伤，出现焦叶、花苞致畸、褪色现象。在浇水过程中一定要干湿交替进行，在夏季通常2～3天浇水一次，中午向叶面喷水。冬季浇水在

9—14时进行，以免冻伤根系。

温湿度　高温高湿有利于红掌生长，但不宜高于35℃，夏季白天可通过喷淋来增加室内空气相对湿度。夜间植株不要太湿，减少病害发生。高温时期还需避免花芽败育或畸变，可利用通风设备来降低室内湿度。冬季室内温度低于15℃时需增温，防止冻害发生，使植株安全越冬。

施　肥　施肥一般在8—17时进行，冬季和初春在9—16时进行。液肥施用2小时后，向植株叶面喷水，冲洗残留在叶片上的肥料，保持叶面清洁，避免藻类滋生。红掌生长一段时间后，基质会产生生物降解和盐渍化现象，影响植株根系对肥水的吸收能力。需根据基质的pH值来调整各营养元素的比例，促进植株对肥水的吸收。

病虫害　当红掌出现花早衰、畸形、粘连、蓝斑等现象，需合理施肥，适当通风。炭疽病除药剂防治，还需经常通风透光，避免浇水，及时摘除病叶。红蜘蛛可喷药防治，如三氯杀螨醇、遍地克、氧化乐果和氟氯菊酯等。细菌性枯萎病可用药剂防治，一般在发病初期喷施农用链霉素或新植霉素。及时清除病株残体并烧毁。

栽培日历

季节	月份	播种	扦插	分株	开花	定植	换盆	浇水	施肥	观赏
春	3									
	4									
	5									
夏	6									
	7									
	8									
秋	9									
	10									
	11									
冬	12									
	1									
	2									

Dracaena sanderiana 'Aureo-Marginata'

10. 金边富贵竹

• 别名　仙达龙血树、绿叶竹蕉、镶边竹蕉、万寿竹。

• 科属　龙舌兰科，龙血树属。

• 产地　非洲西部的喀麦隆及刚果一带、亚洲热带地区。

形　态　多年生常绿灌木。

习　性　喜温暖、湿润及半阴的环境，忌烈日直晒。畏寒，冬季温度最好保持在10℃以上，但其绿叶变种可耐短期2℃的低温。

繁　殖　常用扦插法繁殖。5—7月，剪取长约15厘米的茎段作插穗，插于沙床，保持湿润和适当遮阴，1个月后生根即可上盆。水插也容易生根。

种　养 Point

春季管理　金边富贵竹对土壤要求不苛刻，用沙壤土即可生长良好，生长期注意浇水，保持盆土湿润，每半个月施一次稀薄液肥。早春要注意防寒保暖。

夏季管理　多浇水，除保持盆土湿润外，还应向叶面及其周围喷水，以保持较高的空气湿度，若空气干燥会引起叶片枯尖。切忌阳光直射，强烈阳光直射会灼伤叶片，每隔半个月施一次稀薄液肥。

秋季管理　秋天气候干燥，更应充分浇水，保持盆土湿润，切勿让盆土干燥，还应向叶面及其周围喷水，以保持较高的空气湿度。要加强遮阴，避免强烈阳光直射。仍然是每半个月施一次稀薄液肥。

冬季管理　家庭莳养容易遭受冻害，越冬时节要特别注意保暖。因此，冬天要进入室内越冬，一定要放置在光线充足的地方养护，尽量多接受阳光照射，因为光线过于暗淡不利于叶色的充分表现，叶片斑纹不够明显。冬季一般不施肥。

要 诀 Point

❶ 空气干燥会引起叶片枯尖。

❷ 不宜长期置于阴暗的场所，否则叶片斑纹不够明显。

❸ 若水养富贵竹，可剪取长短合适的枝条插入水中，十多天可萌发根系。生根后不宜常换水，及时施入少量营养液或复合花肥，同样可使其叶色浓绿可爱。

解 惑 Point

如何让富贵竹叶色浓绿?

❶ 选用腐叶土、园土加少量河沙配制培养土，另加少量蛋壳粉或骨粉作基肥，忌用黏性土和碱性土，否则叶色易变黄。

❷ 生长期间保持盆土湿润，干则浇透。夏天雨季及时排水，冬季保持适当湿润。

❸ 夏季注意遮阴，冬季移至南窗附近，使其多见阳光。忌低温，冬季室温应保持在10℃以上。

❹ 每隔1～2年应于春季换盆，换盆时剪除部分老根，添加新的培养土。分枝过多时及时疏剪，以利株形整齐。

栽培 日历

季节	月份	扦插	定植	换盆	浇水	施肥	修剪	病虫害	观赏
	3								
春	4								
	5								
	6								
夏	7								
	8								
	9								
秋	10								
	11								
	12								
冬	1								
	2								

Camellia japonica

11. 山　茶

• 别名　茶花、曼陀罗树、耐冬。

• 科属　山茶科，山茶属。

• 产地　中国。

形　态　常绿阔叶灌木或小乔木。花期因品种而异，自10月至翌年5月陆续开花。

习　性　性喜温暖湿润、半阴环境，怕涝渍、过强光照及高温干旱。喜在漫射光下生长，避免烈日直晒和寒风吹袭。适宜生长温度为18～24℃，相对湿度为60%～80%。喜疏松、肥沃、偏酸性的山泥或沙壤土，忌黏重土和碱性土。

繁　殖　可采取播种、扦插、高空压条、嫁接的方法进行繁殖。

种　养 Point

春季管理　早春正是花开时节，花谢后应及时摘除残花，以免消耗养分，同时追施以氮肥为主的腐熟稀薄液肥3～4次，每隔7天施一次。可于5月前结合扦插进行一次修剪，修剪后施一次磷钾肥，以后每隔10天左右施一次，连续3～4次，以利于花芽分化。

夏季管理　入夏是花芽形成期，高温强光不利于花芽分化，应置半阴处，早晚各浇水一次，结合施些氮磷钾肥孕育花蕾，要注意施氮肥和浇水不能过多，防止徒长萌发秋梢。7月花蕾已初步形成，应增施1～2次速效磷肥。山茶根系不强，浇水不能过少，也不能过多，高温时要向叶面和四周喷水降温。

秋季管理　立秋后逐渐减少浇水和施肥。为避免因花蕾过多，养分分散，导致花蕾脱落，当花蕾长到如黄豆大小时进行疏蕾，一般一枝只保留两个良好的花蕾。发现病虫危害要及时防治，以免落蕾。

冬季管理　山茶怕寒冷，通常于寒露前移入室内向阳处养护，停止施肥，节制浇水，每10天浇一次0.2%硫酸亚铁水，以保持叶色浓绿。1月可适当升高室温再施一次0.2%磷酸二氢钾，则花大色艳。

病虫害　常见病害有炭疽病、褐斑病等，多因通风透光不良造成，可用甲基硫菌灵或百菌清、多菌灵等防治。根结线虫可用铁灭克进行防治。茶梢蛾、卷叶蛾等可用乐果、溴氰菊酯防治。

解　惑 Point

如何使山茶再次开花?

花谢后立即短截花枝，促使腋芽萌发抽生新枝，为再次开花做准备。如果短截过晚，长出的新枝来不及分化花芽，就不能再次开花了。

已孕花蕾的山茶为什么开不出花来?

这是由于长期放在室内，湿度不够，缺少通风，空气污浊，或室温超过20℃之故；也有因盆土过湿，营养不足或放在室外遇到严寒，冻坏了花蕾，以致花蕾枯焦脱落。

栽培日历

季节	月份	播种	扦插	定植	开花	结果	换盆	施肥	修剪	病虫害	观赏
春	3										
	4										
	5										
夏	6										
	7										
	8										
秋	9										
	10										
	11										
冬	12										
	1										
	2										

Camellia sasanqua Thunb.

12. 茶　梅

- 别名　旱茶梅、小茶梅。
- 科属　山茶科，山茶属。
- 产地　原产我国江南等地，各地均有栽培。

形　态　常绿灌木，树形矮小。它的花期很长，可从11月一直到翌年4月。

习　性　性喜温暖湿润、半阴的环境，夏季防烈日暴晒。喜疏松、排水性好、透气性强、肥沃、偏酸性的土壤。耐寒力和对土壤的适应力都比山茶花强。冬天略畏寒。

繁　殖　扦插操作方便，繁殖量大，是繁殖茶梅普遍采用的方法。多于5月下旬至8月上旬进行。

种　养 Point

春季管理　盆栽时每隔2～3年换盆一次。换盆要注意整形，使之通风透光。一般情况下，2—3月施一次稀薄氮肥，促进枝叶生长。4—5月施一次稀薄饼肥水，以利花芽分化。施肥力求清淡，并要充分腐熟。如施生肥或浓肥会烧伤根系。尤其是一、二年生小苗，根系嫩弱，更不能施浓肥。为使盆土保持适当酸度，可结合施肥浇施矾肥水或用青草泡制的水。春季花后也要注意修剪。

夏季管理　茶梅畏酷热，忌强光，夏季强光直射，且气温达38℃以上，会引起叶片日灼，而嫩叶在35℃气温下可能引起日灼，甚至嫩枝焦枯。故一般每年4—9月，茶梅应在荫棚下养护。茶梅喜湿润气候，炎夏酷暑可以遮阴、喷水来保持一定的湿度，其在相对湿度80％左右的环境中生长良好。茶梅根带肉质，忌水涝，长期过湿会引起烂根。所以浇水要不干不浇，浇则浇透。茶梅在6月下旬开始现蕾，10月下旬至11月初才始花。孕蕾期间要消耗大量养分，一般每枝留蕾一个，过密的、生长不良的和着生方向不好的都应疏去。一些长势由强转弱的植株特别容易着生花蕾，应加强疏蕾。疏蕾时间可安排在8月前后，直至10月。夏季梅雨季节，茶梅可进行嫩枝扦插，一般35~40天发新根，3个月左右可形成完整的新根，扦插成活率高。

秋季管理　9—10月施一次0.2%磷酸二氢钾，促使花大色艳。对于残花，应及时摘除，既可减少消耗，又可保持美观。摘时需仔细，不要碰伤叶芽。茶梅属半阴性植物，不宜强光照射，即使是秋冬季节，光照过强对其生育也不利。

冬季管理　大多数地区盆栽应进冷室越冬，进房常在11月上旬。进房前宜对盆上杂草及枯枝、黄叶进行一次清理。若无冷室设备，也可采用塑料大棚或架设风障御寒。越冬温度以不低于0℃为宜。

栽培日历

季节	月份	嫁接	扦插	定植	开花	换盆	施肥	遮阴	病虫害	观赏
	3									
春	4									
	5									
	6									
夏	7									
	8									
	9									
秋	10									
	11									
	12									
冬	1									
	2									

茶梅适宜土层深厚、疏松肥沃，pH 值5.5～6.5的酸性沙壤土。

附录：栽培日历图例说明

图标	说明	图标	说明
	播种		休眠
	扦插		翻耕/中耕/除草
	不定芽繁殖		基质更换
	根茎繁殖		牵引
	叶插		嫁接
	分株		疏叶
	选购		压条
	定植/种植/定苗/栽植		排灌
	下球种植		脱皮
	上盆/换盆/翻盆		造型
	摘心		开花
	浇水		结果/果熟
	施肥		种球采收/收获/块根采收
	病虫害		分球
	更新		起球
	遮阴		球茎分割
	修剪		观赏